高等职业教育教学改革融合创新型教材 · 艺术设计类

HUAZHUANG SHEJI JICHU

化妆设计基础

谭开会 赵成波 付冰兵 主编

东北财经大学出版社
Dongbei University of Finance & Economics Press
大连

图书在版编目（CIP）数据

化妆设计基础 / 谭开会，赵成波，付冰兵主编. —大连 ：东北财经大学出版社，2024.11

（高等职业教育教学改革融合创新型教材 · 艺术设计类）

ISBN 978-7-5654-5252-9

Ⅰ. 化…　Ⅱ. ①谭… ②赵… ③付…　Ⅲ. 化装-造型设计-高等职业教育-教材　Ⅳ. TS974.12

中国国家版本馆CIP数据核字（2024）第086611号

东北财经大学出版社出版

（大连市黑石礁尖山街217号　邮政编码　116025）

网　址：http://www.dufep.cn

读者信箱：dufep@dufe.edu.cn

大连图腾彩色印刷有限公司印刷　东北财经大学出版社发行

幅面尺寸：185mm×260mm　字数：258千字　印张：11.75

2024年11月第1版　2024年11月第1次印刷

责任编辑：魏　巍　宋雪凌　责任校对：张晓鹏

封面设计：原　皓　版式设计：原　皓

定价：49.80元

教学支持　售后服务　联系电话：（0411）84710309

如有印装质量问题，请联系营销部：（0411）84710711

前 言

党的二十大报告指出，“教育是国之大计、党之大计。培养什么人、怎样培养人、为谁培养人是教育的根本问题。育人的根本在于立德。全面贯彻党的教育方针，落实立德树人根本任务，培养德智体美劳全面发展的社会主义建设者和接班人”。同时强调“加快建设国家战略人才力量，努力培养造就更多大师、战略科学家、一流科技领军人才和创新团队、青年科技人才、卓越工程师、大国工匠、高技能人才”。本书坚持以习近平新时代中国特色社会主义思想为指导，严格遵循高等职业教育“人物形象设计”专业教学大纲要求，在充分考虑市场对人才的需求以及对学生“就业竞争能力”的培养等因素的前提下编写而成。

本书的特点主要体现在以下方面：

1.任务驱动，理实一体

在内容组织及结构安排上，本书遵循“做中学、做中教”的职教特色以及“理论够用，实用为主”的原则，采用项目—任务式的编写体例。全书包含5个项目21个任务，每个项目按照“任务目标”（或“任务导入”）→“知识准备”→（“训练指导”）→“任务实施”→“德技兼修”→“学习效果综合测评”的形式展开。其中，“任务目标”明确了任务的知识目标、能力目标、素养目标，让学生有目的地去学习；“知识准备”介绍了任务中的理论知识和实操技能，学生可根据“即学即练”栏目的要求按讲解进行练习，并随时记录练习过程中遇到的问题及解决方案；“任务导入”和“训练指导”设计在实操性较强的项目五中，便于学生了解具体妆面造型的详细操作要求；“任务实施”以知识竞赛等方式考查学生对知识点的掌握情况。上述内容的安排均突出了实践性教学环节，加强了对学生基本功的训练，紧贴岗位要求，使学生毕业后能够快速适应工作岗位。

2.思政入课，向美而行

本书积极落实立德树人根本任务，深入挖掘课程所蕴含的思政元素，将价值塑造、知识传授和能力培养融为一体。通过“素养目标”和“德技兼修”专栏将家国情怀、工匠精神、劳模精神、审美情趣、文化传承、诚信操守、服务意识等多元化思政元素融入教学，引导学生树立正确的职业理想和职业观，立足实践、大胆创新、与时俱进，不断塑造美、传播美。

3.图解造型，融会贯通

本书系统地介绍了日妆、新娘妆、晚宴妆、烟熏妆、欧式妆、时尚摄影妆和创意妆七个常见的妆容造型实例。每个造型实例均根据相应化妆对象的肤质、妆容特点等，因人而异地进行了完美打造。同时，在每个造型实例最后，还安排了学生互相练习环节，以期让学生将前面学习的化妆方法及技巧整体应用到具体妆容上，从而更快、更好地掌握化妆操作技能。

4.资源辅助，宜教易学

传统教学方式为教师示范、学生模仿练习，这样的课堂学习时间是非常有限的。为了弥补这一缺陷，我们邀请了多位一线化妆造型教师现身展示，倾力打造了一批高清、实用的微课和动画视频。学生扫描二维码即可观看相关内容，全方位掌握化妆核心技能。

本书由谭开会、赵成波、付冰兵任主编，李欣任副主编，李雪乔、詹昕萌参编。具体编写分工如下：谭开会编写项目一的任务一和任务二、项目三的任务二、项目四、项目五；赵成波编写项目一的任务三；付冰兵编写项目二；李欣编写项目三的任务一及手绘部分化妆教学图片；李雪乔、詹昕萌负责部分微课的录制。全书由谭开会总纂定稿。

在编写过程中，编者参阅了大量同行专家的有关著作和文章，在此向这些材料的作者表示衷心的感谢！

由于编者的精力和水平有限，书中难免存在不妥之处，敬请广大读者批评指正。

编　者

2024年7月

目　录

数字资源目录

1 项目一 化妆基础知识

在生活和工作中，个人良好的外在形象在一定程度上能起到积极的推动作用，因此人们大多倾向于通过化妆对外貌进行修饰、美化，这不仅能让自己获得外在的美感，而且能进一步提升个人的气质、品位、自信心等。

任务一 认识化妆

◎任务目标

知识目标：

1. 了解化妆的概念、分类及方法；
2. 掌握化妆的基本原则。

能力目标：

1. 能从妆容设计中体现化妆原则；
2. 能准确判断妆容类别及采用的化妆方法。

素养目标：

1. 具有良好的人文科学素质和一定的美学修养；
2. 培养良好的审美眼光和对时尚的敏锐度。

知识准备

一、化妆的概念

化妆是一种历史悠久的女性美容技术。古代时期人们在面部和身上涂上各种颜色和油彩，表示神的化身，以此驱魔逐邪，并显示自己的地位和存在。后来这种装扮渐渐具有装饰的意味，一方面在演剧时需要改变面貌和装束，以表现剧中人物特点；另一方面是由于实用而兴起。如古代埃及人在眼睛周围涂上墨色，以使眼睛能避免日光直射的伤害；在身体上涂上香油，以保护皮肤免受日光和昆虫的侵扰。

化妆是运用化妆品和工具，采取合乎规则的步骤和技巧，对人体的面部、五官及其他部位进行渲染、描画、整理，增强立体印象，调整形色，掩饰缺陷，表现神采，从而达到美化视觉感受的目的。化妆，能展示出人物独有样貌美；能改善人物原有的“形”“色”“质”，增添美感和魅力；能作为一种艺术形式，呈现一场视觉盛宴，表达一种感受。如今，化妆则成为人们追求自身美的一种手段，其主要目的是利用化妆品并运用人工技巧来增加天然美，化妆不是女性专属，更没有性别限制，男性的化妆频率在现实中也逐渐增多。在现实生活中，适当地化妆也是一种尊重他人的行为。

要想成为一名称职的专业化妆师，首先，需要的是敬业的求知精神，并且需要了解化妆程序、化妆品成分、皮肤结构及相关知识；其次，需要实践，不断地运用所学的技法进行试验和修改，直到自己的作品达到理想效果；最后，要不断收集自己及他人的优秀作品和相关资料，当然，不断整理和完善自己的化妆工具也是必不可少的。

专业化妆人员常常被时尚杂志称为化妆师、美容专家、造型师等。的确，在时尚化妆领域的化妆师只是为杂志封面、时装秀或美容院做些流行化妆或美容整形化妆。然而对于影视化妆领域而言，化妆师应具备的知识和技能远比时尚化妆的内容要复杂得多。

化妆是一种视觉造型，它是人们利用化妆品及化妆工具达到美化形象的一种手段。我们可从狭义和广义两个方面来理解化妆这一概念。狭义的化妆是指利用化妆品和化妆工具对人的皮肤、面部轮廓、五官进行色与形的处理，以调整肤色，增强面部立体感，从而达到强化外在美的目的。广义的化妆是指根据不同的目的和要求，利用专业的工具和材料，以专业的技术和方法，对人的面部及身体进行装饰，从而达到一定的视觉效果。

二、化妆的分类

关于化妆，一种解释是“涂抹脂粉以美容”，另一种解释是“为了适应演出的需要，用油彩、粉、毛发制品等把演员装扮成特定的角色或给演员作容貌的修饰”，即化妆是戏剧、电影等表演艺术的造型手段之一，需要根据角色的身份、年龄、性格、民族和职业特点等，利用化妆材料，塑造角色的形象。例如，中国传统戏曲按不同的角色行当化妆，丑行和净行一般使用脸谱。

根据以上解释，化妆大致可以分为两大类，一类是人们在日常生活中对面部容貌的打扮，另一类则是演员在表演艺术中对其面部形象的塑造。因此，我们也可以简单地把化妆分为生活类化妆和表演类化妆。

（一）生活类化妆

按照场合的不同，生活类化妆可以分为日常妆、新娘妆、晚宴妆、舞会妆等。人们在日常生活中化妆既是对美的一种追求，也是对自身形象的重视，更是对他人的一种尊重。在大多数情况下，日常不宜有过于明显的化妆痕迹，即在保持自然状态的基础上，融合流行元素，并利用化妆技法来塑造自身形象。对于新娘妆、晚宴妆、舞会妆等，则需要根据不同的环境或主题来打造不同的化妆风格。

生活类化妆要具备和谐感、生活化和审美性三要素。和谐感指从表现形式、色彩等方面达到和谐、真实，缔造“自然之美”，不过分强调轮廓。此外，妆容要与化妆对象的发型、服饰、气质等相协调。生活化以追求适合各种生活环境的妆容为准则，同时要考虑化妆对象的职业、年龄、性格等因素。审美性以“突出优点、弥补缺点”的化妆技法为手段，以符合当下流行的大众审美为标准，对化妆对象的外貌进行修饰。

（二）表演类化妆

表演类化妆就是根据角色特点，使用较为夸张的化妆技法来塑造表演者的形象，以使其更符合所要表演的人物要求。表演类化妆在很大程度上会受到外部环境因素的影响，如现场灯光、拍摄镜头、服饰或道具等。表演类化妆主要包括影视化妆和舞台化妆两种。

表演类化妆要具备艺术性、技术性和演艺性三要素。艺术性指通过运用多种多样的表现手法，对生活中的造型元素，进行鲜明、准确、生动的组织、提炼，并加以艺术升华。正所谓艺术源于生活而高于生活。技术性指由于表演环境、内容、形式等的不同，化妆的造型风格会有很大差异，对化妆也会有不同的技术要求。例如，电影、电视、广场演出、小剧场演出等对化妆都有不一样的技术要求。演艺性以塑造表演者形象为主要目的，通过弥补或改变表演者的外貌和气质特征，准确突出表演的主题和内容。

随着社会的进步与经济的发展，当代生活的方式与审美观念较以往发生了巨大的变化。艺术引领生活，生活又丰富了艺术，因此生活艺术化、艺术生活化也开始反映在化妆造型上，并且尤为真实地体现着当代人们对美的感受以及审美观念的改变，使人们看到了多元文化给化妆带来的丰富性与新鲜感。无论是生活类化妆还是表演类化妆，首先是审美观念的改变，而观念直接影响化妆的设计理念，由此也带来了化妆样式、化妆材料、化妆方法的多样性与创新性。

三、化妆的方法

化妆的方法主要分为绘画化妆法、塑型化妆法和牵引化妆法三种。

绘画化妆法是运用线条和色彩作为造型手段的化妆方法。塑型化妆法是利用不同材料的堆、贴、垫等形式作为造型手段的化妆方法。牵引化妆法是以绷、吊、牵、拉等形式作为造型手段的化妆方法。其中，绘画化妆法是最常用、最基本的化妆方法，是其他两种化妆方法不可脱离的造型基础，也是生活类化妆主要运用的化妆方法。

四、化妆的基本原则

（一）扬长避短原则

扬长避短，就是要突出和表现人相貌中的优点而掩饰其缺点。每个人的相貌都有优点，也都有缺点，完美无缺的人基本不存在。化妆的一个基本原则就是把人美好的地方更加突出地表现出来，把有缺点的地方通过化妆的手段得以弥补美化，改变不了的地方就想办法掩饰或者弱化。化妆的水平和能力集中表现在处理这些问题上。

（二）突出个性原则

个性就是个别性，是一个人在思想、性格、情感、态度等方面不同于其他人的特质。人的相貌反映人的内心，即“相由心生”。在化妆方面所说的个性，就是不同于他人的独特的相貌和性格气质特征。每个人的相貌和性格各不相同，都有区别于他人的地方。而且一个人好的、独特的相貌和性格特征，往往能够形成其自身独特的美感。在当今时代，人们更注重追求个性美，而不愿意与人千篇一律，因此要重视对个性的发现和挖掘，这是赋予妆面独特个性美感的一个重要方面。

（三）整体统一原则

整体统一，就是脸形和五官形态的描画，要协调一致以共同表现某种美感。人的五官形态不能互相割裂而没有联系，要表现某种美，就要使它们共同向着这个目标努力。初学者由于整体掌控能力有限，往往容易陷入五官形态各自为营的境地，但一定要有意识地努力摆脱这个不足。

（四）真实自然原则

真实自然，就是要以人的本真相貌和性格特征为依据来进行化妆，不要随意、任意改变，尤其是在日常生活中。如果仅仅为了美丽而把一个人化妆成连其本人都不认识的人，即使妆面再漂亮也是失败的。

（五）尊重主体原则

尊重主体，就是要以被化妆者的标准来进行化妆。美的标准因人而不同，不能把自己认为美的强加给别人，即使自己是正确的。如果妆容主体不认可，作为化妆师来说也不能够自以为是，强行做主，只能适当引导或者调整。

（六）综合协调原则

知识点1

化妆操作过程（动画）

化妆一方面要在妆面的整体上协调一致来表现妆容的不同美感，另一方面要处理好与外部环境的关系。要根据一个人的职业、身份、年龄和不同的活动内容、环境、场合以及时间、地点、季节等具体情况，选择适当的表现方法和侧重点，使人的形象与外部环境协调一致。

任务实施

课堂知识竞赛

任务要求：

1.老师根据表1-1中的知识点（也可适当增加本任务的其他知识点）对应的题号及分值，进行一次课堂知识竞赛。

表1-1　课堂知识竞赛内容

题号	知识点	分值（总计50分）
1	狭义化妆的概念	5
2	广义化妆的概念	5
3	化妆的种类	5
4	化妆的方法	5
5	生活类化妆的三要素及其具体含义	10
6	表演类化妆的三要素及其具体含义	10
7	绘画化妆法	2
8	塑型化妆法	3
9	牵引化妆法	2
10	化妆的基本原则	3

2.全班学生分为6组，每组选出1名负责人，小组负责人带领组员温习本任务所学内容。此外，小组负责人还负责竞赛抽题并维持组内秩序。

3.竞赛抽题的顺序：第1小组给第2小组抽题，第2小组给第3小组抽题，以此类推，直至第6小组给第1小组抽题。若抽到别人答过的题目，则再抽题一次。

任务评价：

1.小组负责人组织组员回答由其他小组抽出的问题，所得分数由老师评定。

2.老师给各小组打分，并统计各小组总得分。

3.老师将各小组按照最终得分的高低进行排名，并根据情况设置活动奖品。

课堂知识竞赛评价表见表1-2。

表1-2 课堂知识竞赛评价表

小组	答题表述流畅情况（10分）	小组成员协作情况（10分）	其他（10分）	合计
第1小组				
第2小组				
第3小组				
第4小组				
第5小组				
第6小组				

任务二 化妆基本材料与辅助工具

◎任务目标

知识目标：

1. 认识修饰面部的化妆基本材料和化妆工具；
2. 掌握化妆工具的使用与清洁保养方法。

能力目标：

1. 能够根据肤色及肤质挑选合适的底妆产品；
2. 能够使用合适的化妆工具及手法上底妆，打造完美妆容。

素养目标：

1. 培养良好的审美眼光和对时尚的敏锐度；
2. 培养严谨、持之以恒的敬业精神，养成细致、耐心、认真的职业习惯。

知识准备

优秀的化妆师一般拥有种类丰富、收纳整齐的化妆箱，全面适当的化妆材料和工具是化妆师展现才华的重要物质条件，对精致妆面的产生起到了至关重要的作用。如今市场上的化妆用品层出不穷，为化妆从业者提供了广阔的选择空间。本书将针对初学者的需求，按使用性质和化妆顺序对化妆基本材料和工具门类进行介绍，并给予适当的选购建议。

此外，鉴于服务性是化妆行业的第一根本特性，舒适卫生、整洁有序是化妆用品使用的基本原则。在ITEC、CIDESCO等国际化妆美容学位考核中，将美容化妆从业人士的职业素养放在首要地位，对其工作方式和服务礼仪的考量在一定程度上甚至超过了技术考核本身。下面我们将对化妆用品的清洁养护、工作台的布置安排、操作过程中的卫生问题和服务规范等方面进行介绍。

一、化妆基本材料

化妆基本材料主要指彩妆用品。改革开放前，化妆基本材料多以油彩为主，辅以定妆粉、胭脂粉等。如今的化妆基本材料内容众多，质地各异，研发日趋细致，需要学习者在实践尝试过程中学会鉴别和使用，找到适合自己的材料组合。

（一）底妆基本材料

1.底妆的种类

底妆基本材料包括修颜液、粉底液、粉饼、遮瑕膏、蜜粉、修容粉等，见表1-3。

表1-3 底妆基本材料

类别	名称	质地	色泽	性能作用	使用建议
底妆	修颜液	微稠液体	绿色、紫色、肉色	调整肤色，改善灰暗、蜡黄、毛细血管扩张状态	绿色修饰发红的肤色，紫色修饰发黄的肤色
	粉底液	浓稠液状	不同冷暖、明度、纯度的肉色系	均匀肤色，效果滋润自然，遮盖力弱	中性、干性肤质适用
		霜状		均匀肤色，效果粉嫩，能遮盖细微瑕疵	略粗糙肤质适用，生活妆常用
		微闪颗粒		塑造皮肤晶莹光滑的质感，遮盖力弱	须与其他底妆产品组合使用
	粉饼	干粉饼		消除皮肤油光，遮盖力强	油性肤质适用；可以单独使用，也可作定妆、补妆产品使用
	膏状粉底	油质膏块		重塑肤色，遮盖力极强，妆面持久，妆效不自然	粗糙肤质适用；摄影、表演化妆常用；须与散粉或粉饼结合使用
	遮瑕霜	浓稠乳霜	不同明度的肉色系	遮盖色斑、瑕疵	点涂，有湿度和滋润度
	遮瑕膏	饼状或条状膏块	橘色、土黄色、肉色、紫色、绿色	遮盖黑痣、色斑、红血丝、黑眼圈等局部瑕疵	须与固体粉底或膏状粉底结合使用
	蜜粉	细腻粉末	肤色、杏色、浅绿色、浅紫色、浅粉色、微闪颗粒	吸收水分、油分，起到定妆作用	肤色最为常用，绿色、紫色使用条件同修容液
	修容粉	干粉饼	米白色、棕色	调整脸形	可以代替散粉定妆
	定妆喷雾	液状	无色透明	减少油光，起到定妆作用	在涂粉底之后单独使用，也可以与蜜粉配合使用，起到定妆作用

2.底妆的作用

底妆自然柔和，可使肤色协调统一，是化妆洁净的首要条件。其作用是：

（1）调整肤色：健康、亮丽的肤色是化妆造型的首要条件，底色选择不当，就不能表现人的健康肤色，势必会影响化妆效果。选择适当的粉底，调整不理想的面部肤色，是化妆师必备的基本功。

（2）统一色调：由于面部各部位皮肤厚薄不同、色素分布不同，因此皮肤表面的色调深浅不一，如眼袋、黑眼圈等面部暗影等。粉底可以将脸部的色调统一起来，使肤色洁净而协调，一些细小的斑痕、瑕疵也会被遮盖掉，变得不明显。

（3）调整脸型，表现立体感：东方人的面部较为平扁，正面与侧面的轮廓不够清晰，缺乏立体感，将明度不同的粉底涂抹在不同的部位，通过色彩的明暗变化，利用人的视错觉，产生凹凸不同的视觉效果，从而调整脸型，表现立体感。

（二）眼妆基本材料

1.种类

眼妆基本材料包括眼影粉、眼线笔、眉粉、眉笔、睫毛膏等，见表1-4。

表1-4　眼妆基本材料

类别	名称	质地	色泽	性能作用	使用建议
眼妆	眼影粉	珠光或哑光干粉块	不同明度、纯度的光谱色；黑、白、灰、金、银等色彩	修饰眼形，塑造眼部立体感，体现眼部神采	哑光色自然，珠光色具有时尚感
	眼影膏	饼状油质膏块			光泽滋润，色彩浓度高
	眼影笔	铅笔状，笔芯柔软，具有一定油质			适合眼妆细节刻画
	眼线笔		黑色、深棕色、白色	勾画眼形，修饰眼线	黑色与棕色常用
	眼线液/眼线粉	微稠液体/饼状干粉块	黑色		眼线液色彩浓重/眼线粉层次丰富，效果自然
	眼线膏	饼状油质膏块			有光泽、上色效果好，持久不易脱妆
	眉粉	饼状干粉块	黑色、棕色、灰色	勾画眉型，渲染眉毛虚实层次	效果自然，生活妆常用
	眉笔	铅笔状，笔芯比眼线笔硬			
	眉胶	软油膏状	黑色、棕色、彩色	染眉	睫毛膏可以替代
	睫毛膏			使睫毛增长、密、翘	黑色最常用，有防水与纤维拉长等种类
	睫毛胶水	乳状膏体	白色、透明色	粘贴假睫毛及面部装饰配件	易过敏者请谨慎使用，开封后接触空气就会逐渐呈现固化的状态，胶水会变得黏稠而影响使用效果，注意使用时效

2.作用

眼部是面部表情最为丰富的地方。想让双眸大而清澈，可以将能赋予眼部立体感的眼影，以及能加深眼部印象的眼彩、眼线、睫毛夹和睫毛膏等组合起来使用，对眼睛及眼睛周围部分进行上妆，让眼睛更美，同时达到整体妆容更漂亮的效果。掌握一些画眼妆的小技巧会让眼妆画得更好看、更简单。

（三）唇妆基本材料

1.种类

唇妆基本材料包括唇膏、唇彩、润唇膏、唇泥等，见表1-5。

表1-5　唇妆基本材料

类别	名称	质地	色泽	性能作用	使用建议
唇妆	唇线笔	铅笔状，笔芯柔软，具有一定油质	不同冷暖、明度、纯度的红色系	修饰唇部轮廓，防止唇膏外溢，防止脱妆	可以略深于唇膏色；使用时削扁笔尖更方便
	唇膏	管状、饼状油质膏块		修饰唇部形状、结构，表现色彩，滋润双唇，色彩饱和度高。质地有哑光、珠光、粉质、油质等多种	可以单独使用，也可以与其他唇部彩妆品结合使用
	唇彩	管状、饼状微稠液体			
	唇釉/染唇液	液体		修饰唇部形状，表现唇部色彩，具有显色度和亮泽感	可以单独使用，也可以与润唇膏结合使用
	润唇膏	管状、饼状油质膏块		滋润双唇	可以单独使用，也可以与其他唇部彩妆品结合使用
	唇泥	半固体泥状，视觉上比唇膏更干，但延展性更好		呈现哑光雾面妆效，有较好的遮盖力，持久性和显色度较好	可以单独使用，也可以与其他唇部彩妆品结合使用

2.作用

唇膏类美容化妆品的主要功能是赋予嘴唇以色彩，强调或改变唇的轮廓，焕发生气和活力。

（四）面颊修饰基本材料

1.种类

面颊修饰基本材料包括腮红粉、腮红液、腮红膏等，见表1-6。

表1-6　面颊修饰基本材料

类别	名称	质地	色泽	性能作用	使用建议
面颊修饰	腮红粉	干粉块状/细腻粉末	不同冷暖、明度、纯度的红色系	修饰脸型，改善肤色，和谐妆容	轻薄自然，易上色，最为常用
	腮红液	微稠液体			
	腮红膏	管状、饼状油质膏块		延展性、光泽感强，易与肤色衔接，表现健康肤色	浓妆、干性肤质适用
	影视油彩（彩绘膏）	饼状油质膏块	不同明度、纯度的光谱色；黑、白、灰、金、银等色彩	色彩饱和度高，延展性强，容易晕染，操作方便	配合散粉可以独立处理各种妆容

市面上的化妆基本材料有日化和专业两大类：日化类的包装、色彩、质地适合女性日常修饰化妆，小巧实用，便于携带；专业类色彩齐全，质地丰富，适应性更强，是专业化妆师的选择。

2.作用

腮红又称胭脂，一般指涂于面颊颧骨部位，是呈现健康红润气色及突出面部立体感的化妆品。胭脂是古代即有的一种使面颊着色的美容化妆品。胭脂的基质与同剂型粉底类制品的原料接近，但其遮盖力比粉底弱，色调较粉底深。根据剂型的不同，腮红可分为液体、半固体、固体剂等。

古代赫梯人利用辰砂、古希腊人利用植物根部使面颊着色，罗马人用海藻使苍白的面颊呈玫瑰红色。早期人类主要使用天然颜料作为胭脂的着色剂，如红赭石、朱砂、胭脂红、红铅、红花素、檀香木和巴西苏木提取物等。我国古代宫廷早已使用矿物颜料作为美容装饰。直到20世纪20年代才立法规定允许在化妆品和药品中使用着色剂。现今，胭脂所用的着色剂主要是一些无机颜料和药品及化妆品允许使用的色淀。

二、化妆辅助工具

化妆辅助工具主要指将彩妆用品附着到肌肤上的各种工具，包括化妆笔刷、修颜工具、上妆工具、清洁工具、收纳工具等，种类繁多，在化妆操作中起着重要作用。其中，化妆笔刷是化妆辅助工具中最主要的，“工欲善其事，必先利其器”，有一件称手的工具，总是会让很多事情变得更简单。化妆在于一个“画”字，就像学美术一样，有一双巧手很重要，但更重要的是有一套好的工具，以及日积月累的操作。

（一）化妆刷

化妆刷样式如图1-1所示。

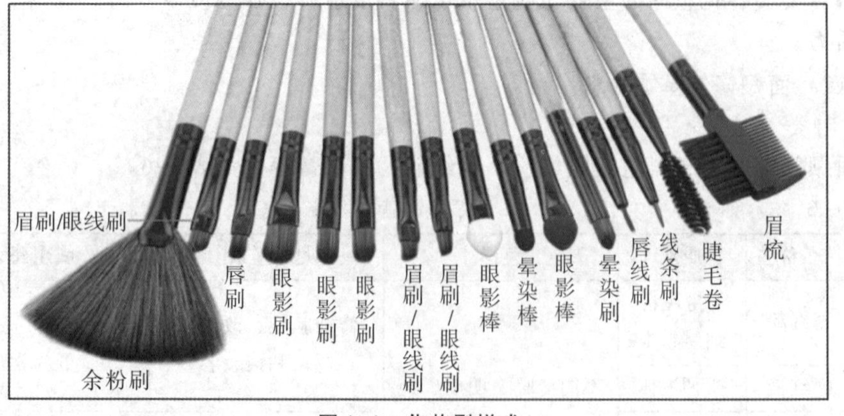

图1-1 化妆刷样式

1.化妆刷的种类和性能

化妆刷的种类较多，性能也较为多样，见表1-7。使用化妆刷时，应尽量选择柔软、有弹性、不刺激肌肤的动物毛刷，如貂毛、马毛、山羊毛等。做工精致的刷具具有柔和、不散开、不掉毛的特点，这样上彩妆时才能使色彩均匀服帖，不掉粉，从而帮助化妆师打造出完美的妆容。

表1-7　化妆刷的种类和性能

类别	名称	特征	宽度	作用	材质
面部刷	粉底刷	扁平或圆形刷头	约20毫米；直径25~27毫米	刷涂底妆产品，修饰面部细节	合成纤维
	散粉刷	扇形或圆形刷头	冠顶约95毫米；直径25~27毫米	去除面部浮粉	羊毛；松鼠毛；貂毛；灰鼠尾毛；黄狼尾；合成纤维
	修容刷	圆形刷头	约20毫米	修饰面部轮廓	
	腮红刷	椭圆形刷头，顶端倾斜	约20毫米	涂扫腮红	
	高光刷	椭圆形刷头	约15毫米	涂扫面部高光粉	
	遮瑕刷	扁平形刷头	4~6毫米	遮盖面部瑕疵，修改化妆时出现的细小错误	
眼部刷	眼影刷	扁头或圆头化妆刷，分为大、中、小号	8毫米、6毫米、4毫米不等	涂刷眼影	
	晕染刷	圆头化妆刷	10毫米	晕染大面积的眼影	
	细节刷	扁头小号化妆刷	2毫米或4毫米	修饰眼妆细节	貂毛/合成纤维
	眉刷	扁平斜头化妆刷	4毫米	刷涂眉粉，均匀上色	合成纤维
	睫毛刷	螺旋刷头	直径约7毫米	清理睫毛上结块的睫毛膏；刷匀眉色	硬尼龙纤维
	眼线刷	极小的圆形刷	1毫米	勾画眼线及毛发	合成纤维
	眼影棒	扁形海绵头	2~5毫米	描画色彩浓重的眼影	海绵
	眉梳	双头刷，一面为梳子	约33毫米	用于整理修剪眉毛及梳理粘连的睫毛	塑料与合成纤维/硬尼龙纤维
唇部刷	唇刷	扁头小化妆刷	直径约7毫米	勾勒唇型，涂刷唇色	合成纤维
	唇釉刷	斜头圆棒状	直径约3毫米	便于携带唇刷棒	
彩绘刷	油彩刷	扁平笔刷	2~12毫米	油彩化妆用刷	合成纤维

2.化妆刷的选购建议

化妆刷的刷头制作材料大致有动物毛、合成纤维、尼龙纤维三类，笔杆大致有木质、塑料两种，在前端靠近刷头处包裹的金属外壳能起到保护笔杆、固定刷头的作用。

刷毛的质量是化妆刷质量的关键。优质的动物毛刷最珍贵也最上乘；合成纤维刷以及合成纤维与动物毛结合的混合纤维刷最常见，是性价比较高的选择；尼龙纤维刷最廉价，较少被专业化妆师选用。化妆刷选购不求昂贵，而在于柔韧、松软，便于使用。动物毛刷未必一定好用，合成纤维刷或混合纤维刷制作得当也能满足使用需要，选购时须触摸测试方能确定笔刷的品质。

好用的化妆刷具有以下几个特征：

（1）纤维整齐、柔软、平滑，刷头饱满。因柔韧性强的缘故，眼影刷等小刷头修长扁平，所有笔刷按压在手背上皆呈半圆形，剪裁整齐。

（2）刷头呈天然弧形，是排列制作精良所致，并非生硬修剪。人工修剪的化妆刷品质较差，刷毛的部分纤维容易翘起，缺乏弹性。

（3）不易掉毛。用手指夹住刷头轻轻下移，以纤维挺立、不落毛者为佳。

（4）在吹风机热风下纤维和刷头外形不变，动物毛或质量较好的混合纤维毛都是如此。质量不佳的合成纤维会有卷曲变形的现象，尼龙纤维更甚。

选购时除了用手指测试笔刷外，还可以蘸取眼影、唇膏的试用品在手背皮肤上测试上色效果。劣质笔刷会吸纳粉质，笔触无力散乱，上色效果差。

（二）化妆辅助工具

目前常用的化妆辅助工具种类繁多，在化妆工作中有不可替代的作用。化妆辅助工具体积小巧，容易弄脏或遗失，因此收纳要有规律，并注意卫生。这里分别介绍各种化妆辅助工具的用途、性能及特点。

1.化妆海绵

化妆海绵是可使粉底涂抹均匀的专用工具，它能让粉底与皮肤紧密结合。化妆海绵质地有孔细和孔粗两类，孔细的海绵上妆贴合。海绵形状多样，如扁圆形、葫芦形与三角形等（如图1-2所示）。因为化妆海绵会直接影响到化妆时底色的效果，所以不要使用质地较硬的化纤海绵，应选择质地柔软、有弹性、密度大的产品，还要根据具体的化妆部位挑选不同形状的化妆海绵。

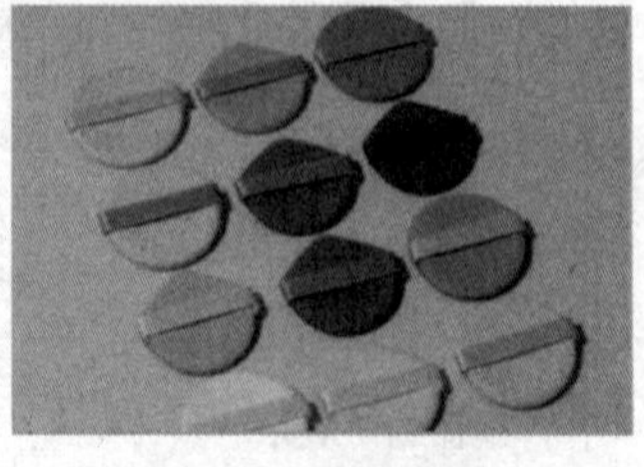

图1-2　化妆海绵

化妆海绵在使用时会吸收水分，从而造成细菌的繁殖，所以在化妆前必须对海绵进行清洗、消毒。方法是：用香皂在温水中把粉底揉搓掉，再自然风干。如果海绵边缘有破损，就应更换新的产品。

2. 化妆粉扑

化妆粉扑是用于给全脸定妆的工具，也可在化妆时作为避免弄花妆面的衬垫。化妆粉扑有棉质与化纤两类，建议选择棉质天鹅绒面，触感蓬松、轻柔的粉扑（如图1-3所示）。

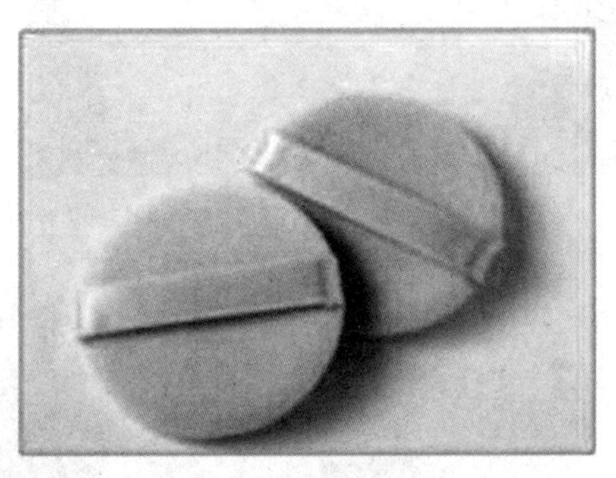

图1-3　化妆粉扑

为保证妆面干净，粉扑应及时清洗，清洗方法与化妆海绵相同。如果粉扑表面变硬，且无法恢复弹性，就需要更换新的产品。

3. 棉棒

棉棒是化妆时擦拭细小部位最理想的用品，是妆面细节部分的清洁工具（如图1-4所示）。如在描画眼影、睫毛等部位时，常常会因不小心或技巧不熟练而弄脏妆面，用棉棒擦拭会取得良好的效果。

图1-4　棉棒

4. 化妆棉

化妆棉（如图1-5所示）的作用是擦拭清洁及湿敷涂抹。化妆棉最主要的用途是卸妆，因为它的质地柔软，卸妆的时候不容易把脸弄伤，也会把妆清除得很干净，一来它可以吸取到足量的卸妆产品帮助妆的脱落，二来也可以带走肌肤表层溢出的妆的成分，卸去残留。化妆棉也可以浸泡化妆水或纯净水湿敷脸部做保养，还可以在涂抹精华或乳液时轻轻按压让它们涂抹均匀，所以它是护肤或化妆时非常好用的工具之一。

5. 美目贴

美目贴（如图1-6所示）是用来矫正眼睛的形状、塑造双眼皮的工具。建议选择质感较薄且半透明的产品，使用后修饰痕迹不明显，效果更自然。美目贴的种类有纸式状、绢纱状、胶带状、隐形状、双面状等。

图1-5　化妆棉

图1-6　美目贴

6.修眉刀

修眉刀（如图1-7所示）用于修整眉型，或去除面部多余毛发。它可以快速去除毛发，且边缘整齐。使用后须及时清洁，放入收纳盒或套上收纳套。

图1-7　修眉刀

7.修眉剪

修眉剪（如图1-8所示）可用来修剪眉毛、美目贴或假睫毛等。

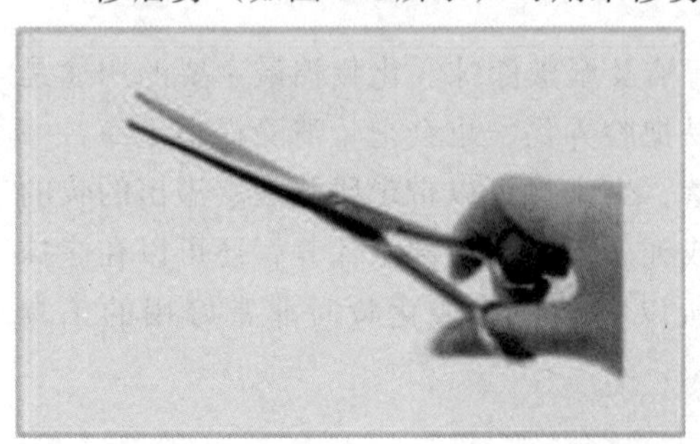
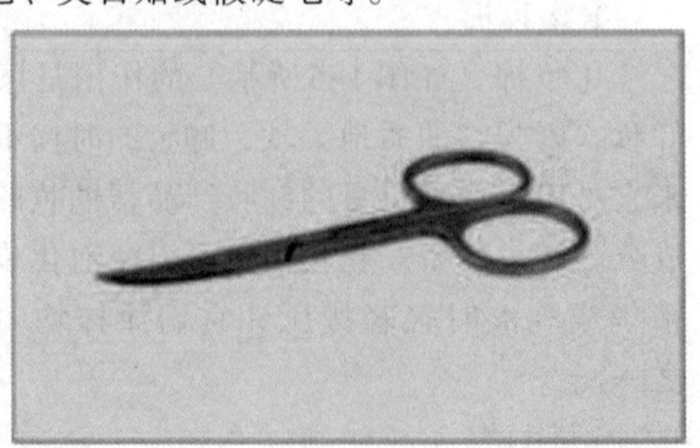

图1-8　修眉剪

8.镊子

镊子（如图1-9所示）用于修整眉型及粘贴细小化妆材料，有圆头和方头两种，建议选择镊嘴平整和吻合度较好的镊子。

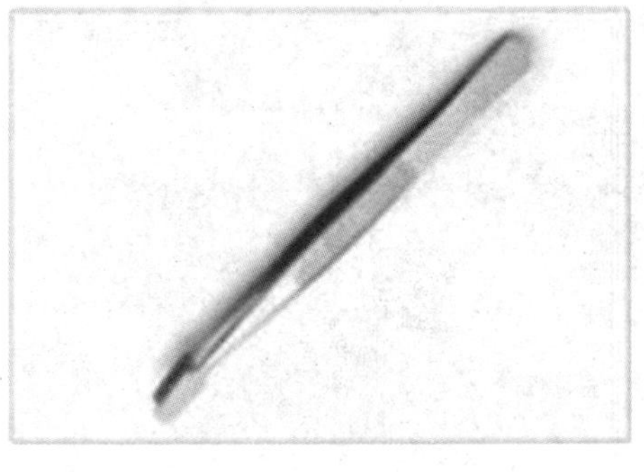

图1-9　镊子

9.睫毛夹

睫毛夹（如图1-10所示）可使真睫毛弯曲上翘。一般选择不锈钢质地的产品，挑选时应观察其橡胶垫是否结实有弹性，夹口与橡胶垫一定要能够完全吻合，否则极易夹断睫毛。也可挑选小型的局部睫毛夹，进行细节的处理。

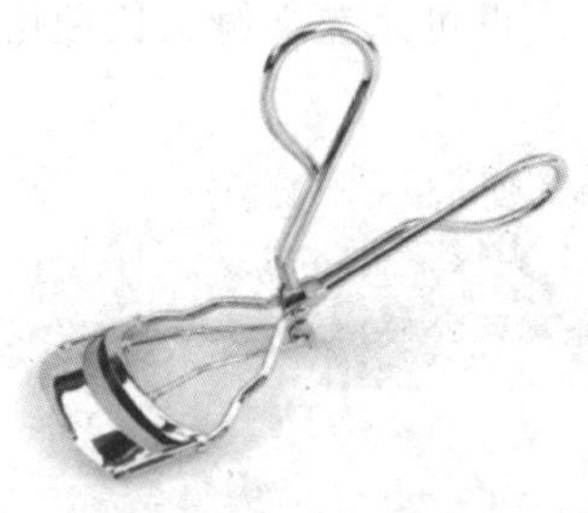

图1-10　睫毛夹

10.睫毛胶

睫毛胶（如图1-11所示）主要用于粘贴假睫毛或面部饰物，一般挑选乳白色产品。因其干后无色、透明，所以不会影响面部的妆色。睫毛胶在“半干”的状态时黏度最强。贴上用来美化眼部的人工假睫毛，可以把眼睫毛加长、加厚。睫毛胶不仅应用于专业彩妆，平时化妆时也会使用到。

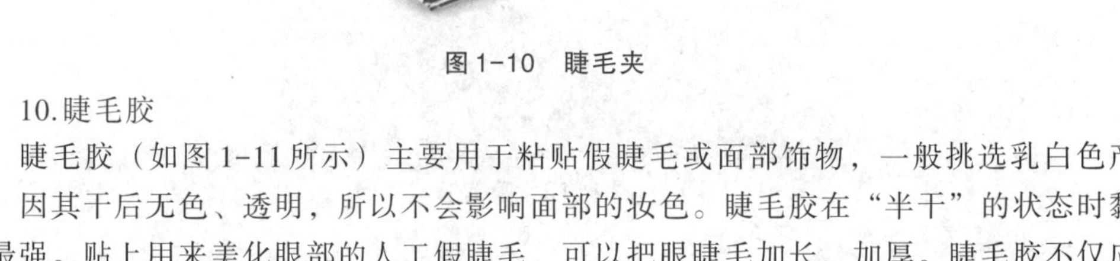

图1-11　睫毛胶

11.假睫毛

假睫毛（如图1-12所示）可使睫毛看起来纤长浓密。假睫毛的种类也很丰富，如色彩夸张的假睫毛可增强妆面的创意感，粘贴透明感假睫毛可使睫毛看起来更真实，单根假睫毛可用于嫁接眼睫毛。

图1-12 假睫毛

12.喷笔

喷笔（如图1-13所示）可将液体妆色喷绘在面部和身体表面，喷笔配套液体妆色，可以实现在高度遮瑕的同时缔造完美自然效果。妆容喷笔不会直接接触皮肤，减少使用海绵时细菌传播的机会，不需要使用遮瑕膏，亦可以有效地遮盖雀斑、老人斑、粗大毛孔及不均匀肤色，也可遮盖文身，比使用传统粉底液的时间快1倍多。

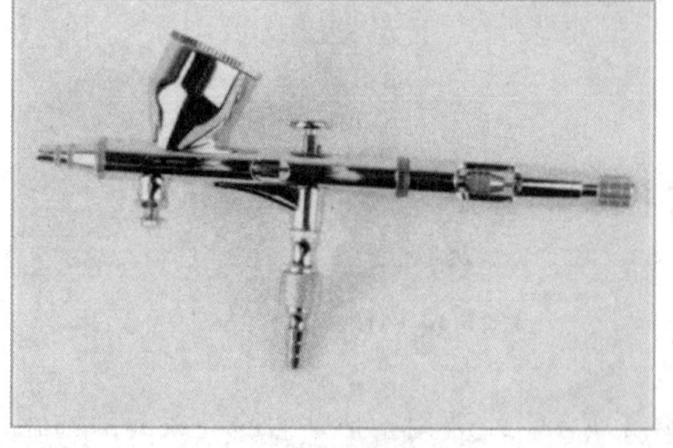

图1-13 喷笔

13.卷笔刀

化妆卷笔刀（如图1-14所示）根据化妆笔的特殊结构而设计，其刀片比一般卷笔刀要短一些。因为无论是眼线笔还是眉笔的笔芯都比一般铅笔要软，所以削化妆笔一定要用专用的卷笔刀。

图1-14 卷笔刀

14.调刀

调刀（如图1-15所示）在进行塑型化妆时经常用到，调刀的一端为尖锐的三角形，另一端为半圆形，也可以作为粘贴辅助工具。

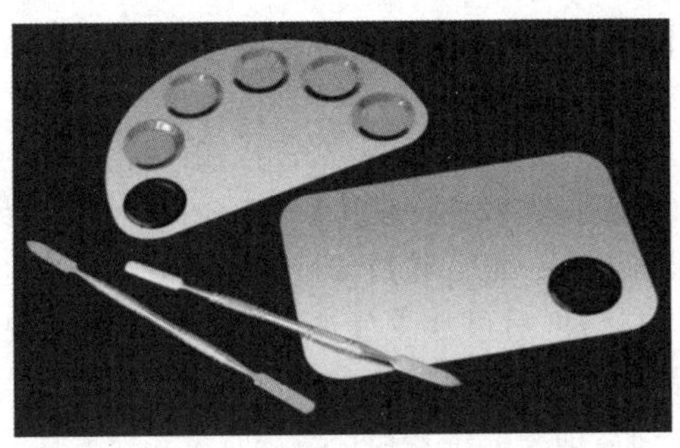

图1-15　调刀

15.化妆箱

化妆箱（如图1-16所示）是用来装化妆工具、化妆用品的箱体。例如，收纳化妆海绵、粉扑、化妆笔等物品，是专业化妆师不可缺少的收纳工具，此类箱体的材质一般为铝合金或尼龙布。在挑选时注意空间结构的合理性，可将化妆品及化妆工具有序地排放，对其起到一定的保护作用。化妆师需要有不同规格的化妆箱，以适应各种化妆任务。

图1-16　化妆箱

（三）化妆护理用品

在化妆过程中，底妆是妆面成败的关键，良好的皮肤状态是底妆的基础。在化妆师的工具箱内，洁面、润肤、卸妆的产品必不可少。在条件允许的情况下，上妆前后须进行适当的皮肤保养，使皮肤处于水油平衡状态，便于上妆（见表1-8）。

表1-8　化妆护理用品

类别	种类	作用	使用建议
卸妆	卸妆液、卸妆油	清除皮肤上残留的化妆品	先清洁黏膜部位（眼、唇），再进行整体卸妆
洁面	洁面乳、皂、膏、摩丝等	清洁皮肤	最好使用弱酸性的洁面产品
	去角质膏/按摩膏	祛除面部死皮，光滑肌肤	两周一次，不要频繁使用
护肤	化妆水	补充肌肤水分，滋润皮肤、收敛毛孔、柔软表皮	洁面后在肌肤微湿状态时使用，用化妆棉按压涂抹
	眼部精华	滋润肌肤、延缓衰老、锁住水分	用无名指从内向外涂抹
	乳液/面霜		顺筋肉走向涂抹
隔离	隔离霜	淡化细纹，润滑肌肤	底妆前使用，防晒霜容易堵塞毛孔
	防晒霜	防止紫外线、粉尘等对肌肤的伤害	

（四）化妆工具的使用与清洁保养

1.化妆工具的清洁保养

化妆刷和笔袋在每次使用过后都要清洁备用。清洗化妆刷时，先用性质温和的洗发水或肥皂顺着刷毛轻揉浸湿化妆刷，洗去刷头上的灰尘和化妆品残余，再用手指轻捏刷毛，挤出水分，保持顺直，最后将清洁后的笔刷放在干净通风的地方阴干。对于高档的天然纤维笔刷，在清洗后可加少量护发素养护，能使刷毛柔软，使用寿命更长。此外，用温水稀释清洁剂来清洗眉刷，能使眉刷恢复原貌。

化妆海绵在每次使用后即须清洗替换。清洗时可轻捏搓揉直至色粉洗净，再置于干净通风的地方阴干，暴晒会使海绵迅速老化。清洗时可用洗发水、沐浴乳、肥皂等去污产品。对于沾染粉底膏的海绵，肥皂是最有效的清洁剂。

镊子、修眉剪、睫毛夹等小工具使用后须用酒精棉擦拭消毒，避免在下次的工作中发生交叉感染或污染妆容。睫毛膏中的化学成分会对睫毛夹上的橡胶条有腐蚀作用，使用后橡胶条需擦拭干净，与眼睑接触的金属部分也是如此。

假睫毛用完后若要再次使用，须将乳液涂抹在底部粘合处，将残胶揭除，置于小盒中。强行撕扯残胶可能会导致假睫毛变形。假睫毛上不可有残胶、落灰或妆粉残余。

粉底膏、唇膏等油质固体化妆材料使用后以面纸擦掉表面一层，盒面、盒口边缘处用酒精棉或柔软的湿布擦净，保持卫生整洁。天气干燥时，含油不多的膏体会变干，可在表面薄薄刷一层橄榄油后密闭保存。

睫毛膏用完要拧紧，以免干涸。若有结块，滴入少许生理盐水即可改善。若有变干迹象，可以将整支拧紧后放入热水里浸泡，变冷后取出擦干，第二次使用时会发现明显变软。

化妆收纳工具内部须定期清洁，用柔软的布擦拭干净隔层，阴干后再收纳材料工具。化妆箱请小心轻放，有支架和照明装置的高级化妆箱须仔细维护，以保证设备的正常运行。

2.化妆工具的使用

在国际考试中，桌面必须整洁有序，布置良好的工作环境；镊子等妆前清理工具要求置于玻璃小瓶中，瓶底垫沾有酒精的化妆棉片；粉底、唇膏、眼部产品须事先挑取出来，放在消毒后的小调色板上再化妆，保证服务的卫生化、规范化和私密化，尽可能避免因化妆材料变质不洁所导致的皮肤污染。虽然化妆师的常规工作并不需要如此严格，但化妆工具使用的基本卫生工作是有必要了解的。

在工作开始前，将化妆工具有序摆放在工位上，化妆箱置于桌下。凌乱的工作桌面不仅不便于工作，而且暴露了化妆师职业素养的欠缺，无法在工作开始前和客人建立起信任感。化妆台的布置如图1-17所示。

拔眉毛时，应将镊子放平贴合皮肤，夹住一根眉毛，顺毛孔生长方向拔除。拔出后若有红肿现象，用沾有化妆水的棉片敷片刻即可。清理面部死皮时，先敷一会湿棉片湿润清理区域，然后以死皮推轻轻去除软化后的死皮。在清理过程中，要时刻关心客人的感受，告知客人需要进行的清理内容和清理结果。

图1-17　化妆台的布置

化底妆时，如果条件允许，最好用调刀挑取粉底，再用粉底刷蘸取涂抹在面部，最后用海绵抹匀。使用海绵时，要按肌肉的走向轻按涂抹，力度均匀，避免拉扯肌肤，加速面部肌肤下垂老化，造成客人不适。为了使妆面更贴合，建议先将海绵喷至微湿状态，涂抹时垂直着力，使粉质深入毛孔，分布均匀。

化眼妆时，可用小指勾住粉扑，垫在手下方，避免手与底妆直接接触导致脱妆。为了防止深色眼影粉落在颧骨上污染妆面，可在颧骨上方及眼睛下方先抹一层厚厚的散粉，在眼影画完后扫去。画内眼线和夹睫毛时，可能会有疼痛感，须与客人说明并关心客人的感受。

化唇妆时，先用调刀挖取唇膏，再用唇刷蘸取涂抹。平时保持唇刷清洁。唇线笔使用后用卷笔刀削去表层，套上笔帽保存。从事化妆产品销售的化妆师也可用棉棒蘸取唇膏或唇彩为客人试色。

化妆时会产生用过的棉棒、棉片、面巾纸等废弃物，请自备塑料袋或垃圾桶。

任务实施

课堂知识竞赛

任务要求：

1.老师根据表1-9中的知识点（也可适当增加本任务的其他知识点）对应的题号及分值，进行一次课堂知识竞赛。

表1-9　课堂知识竞赛内容

题号	知识点	分值（50分）
1	底妆的基本材料	5
2	眼部化妆品的种类	5
3	唇部化妆品的种类及作用	5
4	化妆刷的种类及选购建议	5

续表

题号	知识点	分值（50分）
5	化妆的辅助工具	5
6	卸妆用品的种类及作用	5
7	洁面用品的种类及作用	5
8	护肤用品的种类及作用	5
9	隔离用品的种类及作用	2
10	化妆刷的清洁及保养方法	3
11	使用化妆工具的注意事项	5

2.全班学生分为6组，每组选出1名负责人，小组负责人带领组员温习本任务所学内容。此外，小组负责人还负责竞赛抽题并维持组内秩序。

3.竞赛抽题的顺序：第1小组给第2小组抽题，第2小组给第3小组抽题，以此类推，直至第6小组给第1小组抽题。若转到别人答对的题目，则再抽题一次。

任务评价：

1.小组负责人组织组员回答由其他小组抽出的问题，所得分数由老师评定。

2.老师给各小组打分，并统计各小组总得分。

3.老师将各小组按照最终得分的高低进行排名，并根据情况设置活动奖品。

课堂知识竞赛评价表见表1-10。

表1-10 课堂知识竞赛评价表

小组	答题表述流畅情况（10分）	小组成员协作情况（10分）	其他（10分）	合计
第1小组				
第2小组				
第3小组				
第4小组				
第5小组				
第6小组				

任务三 绘画与化妆

◎任务目标

知识目标：

1．了解绘画的基础知识；

2．掌握绘画在化妆中的运用。

能力目标：

1．能将绘画元素与化妆元素自然地结合在一起；

2．能准确判断妆容色彩是否协调。

素养目标：

1．培养良好的审美眼光和对时尚的敏锐度；

2．具有良好的职业形象，树立“以人为本的服务意识”。

知识准备

化妆的目的是塑造人物形象，具有鲜明的实用性和审美性。从构思到体现，从意象到具象，完成的是一个基本造型的创作过程。化妆造型作为造型艺术的一种，其表达的语言也很丰富，主要是在人的面部进行形与色的刻画。所以，绘画知识对于学好化妆来讲是必不可少的。扎实的绘画基本功训练和基础理论的学习，能够培养敏锐和正确的观察能力，能够进一步掌握美的基本原则、基本规律和表现技能，能在化妆造型过程中灵活运用绘画造型技巧，准确表现形态、比例、明暗、色彩、质地、节奏等综合视觉效果。

一、素描与化妆

（一）素描的定义

广义上的素描，泛指一切单色的绘画；狭义上的素描，专指用于学习美术技巧、探索造型规律、培养专业习惯的绘画训练过程。素描被称为“造型艺术的基础”，是一切绘画的基础，也是学习化妆所必须经过的一个阶段。

（二）素描的基本原理和造型手法

素描研究的对象是物体的基本形态和一般的变化规律。基本形态有物体的形状、比例等结构形式；变化规律有透视、视差对比等视觉因素。掌握这些形式和规律是化妆造型的前提条件。

素描的造型手法多种多样、风格迥异，其基本表现手法主要有三类。

1.线条表现

追求对形体的理解和概括表现，以研究对象结构构造为目的，以线条作为主要表现手段，强调物体的轮廓和内部结构，严谨探求内部连接和透视变化的表现手法。线条是一种明确的富有表现力和形式美感的造型手段，能直接、概括地勾画出对象的形体特征和形体结构。对不同的对象，要求用不同的线条表现。线条还有表现节奏的作用，轻重起伏、刚柔相间、长短穿插、抑扬顿挫的线条可表现美的造型。

2.明暗表现

明暗表现法也称色调法，强调光影，主要用明暗对比、色调变化的手段表现对象，画面具有较强的立体感、空间感和深度感。明暗是表现物象立体感和空间感的有力方法，对其真实表现对象具有重要的作用。明暗素描适于立体表现光线照射下物象的形体结构、物体各种不同的质感和色度、物象的空间距离感等，使画面形象更加具体，有较强的视觉效果。

自然界的一切物体都有一定的体积，任何一个物体都是由许多大小不同的面组成的。物体在光的照射下，呈现出极其复杂多元的明暗光影效果：受光部分明亮，背光部分灰暗；受光部分各个面因正面和侧面受光不同，明度也有强弱之分，在背光部分，由于物体各个面受环境反光的影响不同，也有明暗的变化。但由于我们肉眼视力的局限，离我们眼睛愈远的物体就愈小愈模糊，其明暗对比、色调对比就越弱。为了便于学习和掌握，通常可将素描的明暗关系概括为三大面、五大调子和七个色阶。三大面即亮面、灰面、暗面；五大调子即受光面、背光面、明暗交界线、中间灰面、反光面；七个色阶即高光、明部、次明部、明暗交界线、暗部、反光、投影。

（三）素描在化妆中的运用

化妆的基础是造型，是一项需要长期训练才能形成的特殊技能。化妆不只是塑造孤立静止的妆面，更重要的是表现局部与整体的有机关系和体现艺术与技术相融的综合创作能力。掌握化妆的精髓，需要人的自然思维方式和操作方式，需要有正确的观察方法、多维的空间想象力和综合的造型能力，需要研究不同类型化妆的形式特点和造型规律。素描是解决这些问题的基础，这在其他艺术造型的实践中也得到了证明。

1.面部美感的表达：线条造型

线条造型是化妆的基本表现手法，是改变原形、构成新造型的骨架。事实上，这些线条是不存在的，它是化妆师们在化妆造型中抽象出来的一种再现形式，它符合人们以线条的方式观察、辨别自然事物的习惯。线条在化妆中不单是纯粹、平面的刻画，更是多方面、多层次表现形的存在的重要元素。

（1）狭义的化妆线条。狭义的化妆线条包括眼线、唇线、眉线等，它们是具象的线条。

画眼线的目的是增加眼睛的神采。事实上，也并不存在生理上的眼线，只是睫毛的密影被幻化而用来造型的。眼线通常是贴着睫毛根部描画的一条曲线。更专业地说，眼线并非一条细线，而是由许多条小细线横向排列而成的，它们之间的交接很隐蔽。利用这种方法描画出来的眼线更自然生动，有透气感、不生硬。

唇线是唇红与唇白交界处的一条线，用以矫正唇型，使唇型清晰立体，同时还可防止口红溢出。描唇线的方法与眼线类似，只是更加复杂一些。描画优美唇线的关键是：手法要圆润、柔和、准确、清爽。

眉型是用眉笔一笔一笔地沿着眉毛的生长方向画出来的，线条的排列便形成了整个眉毛的造型。如果能够把握住深浅、虚实、粗细的要领，画出的眉毛可以以假乱真，且更具观赏价值。

（2）广义的化妆线条。广义的化妆线条是化妆造型中采用的一种手段，具有一定的表现力和形式美，线条之间的排列组合可以表现面部及五官的结构和立体感，它们是抽象的线条。

广义的化妆线条在化妆造型中常被忽视，在绘画上却是至关重要的，称为明暗交界线，是体现立体感的关键。明暗交界线是深浅色调的转折线，它与暗部和明部渐变关系的表达，正是运用了线条排列组合的方法。明暗交界线在化妆中应是明确的，却不可过分强调。否则妆面会显得生硬，缺乏柔和感，使造型失去美感。简单地说，明暗交界线就是面部的结构线，与阴影、逆阴影一起表现面部的凸与凹，并使之更加明确。化妆最怕软弱无力、模糊不清，了解和掌握化妆中线条的运用，就可以塑造出更自然可信、更具立体感的化妆效果。

（3）建立新的结构线。当化妆对象自身的外形与所需外形存在一定距离时，就可以运用线条的造型能力做适当的调整，用化妆的手段做一些合理的弥补。这里强调“适当的调整”，也就是说化妆不能远离人的自然因素，无限制地进行改变。比如，在将年轻人化妆成七八十岁的老人时，其脸部的化妆处理必须将衰老特征表现出来，就需要先用结构线条以绘画的形式做勾勒，确定新的结构线，组成新的形。而这一切都应该在化妆对象原有结构和比例的基础上进行。

（4）勾勒新的形式感。利用线条的形式感，从视觉上改变或装饰原有的形态。如同绘画中线条具有的独特魅力一样，在人的皮肤上也可以运用丰富的线条进行造型，自始至终贯穿在化妆的整个过程中，赋予化妆线条以实用性和艺术性。比如，在改变人的胖瘦结构时，在结构线的刻画与组合时运用了拉宽缩短、变窄加长的原理，使人在视觉感受上达到“变胖”或“变瘦”的效果。又如，在刻画皱纹时，对线条的处理是粗细配合、虚中有实、长短交错，既符合人的生理特征，又将皱纹立体、真实地勾勒出来了。

2.面部立体感的塑造：明暗造型

明暗的产生是光线作用于人体表面的客观反映。光的客观性决定了明暗变化的规律性，面部的立体结构对光照反射出不同层次的明暗，不同的质地，明暗也有所不同。化妆中阴影与高光的运用，就是利用以上的自然法则，表现自然而立体的妆面。另一方面，明暗层次的变化必须从人体面部的结构出发，面部固有的立体造型表现出面的转折，而面的转折是明暗关系的生理学基础。体面转折的交界处对比增强，故颜色最深，明者愈明，暗者愈暗。

人面部的明暗取决于面部本身的立体结构，同时也因不同光源的照射而产生变化，在化妆中用素描中的明暗表现脸部结构的凹凸、脸部转折和起伏，通常不会刻意在人的脸上把三大面、五大调都描画出来，但是这种素描的立体表现手法在化妆中是非常重要的技法。我们可以运用素描常识去分析明暗色调的变化与化妆的关系，建立起在空间深度上塑造形体的观念。

要在有限的面部，表现复杂的局部形态，就必须熟练运用造型表现的技法，方能随心所欲地达成。于是便可运用素描原理，将化妆造型的理念经过观察、体验、想象、选择、重组等方法，在面部做下记录。明暗层次的处理在化妆中是相当重要的一步。尤其是在结构复杂又立体的脸上化妆，加上光线的因素，化妆对面部明暗层次的处理绝不等同于在平面上作画。以面部的结构特征为依据是处理脸部明暗层次的关键所在。

（1）调节明暗关系。调节明暗关系是指运用素描知识调整层次关系。突出的部位亮，凹陷的部位暗；近的、前面的，应表现得强烈而明确；后面的、较远的，应表现得柔和而模糊。在化妆中就是用阴影色、过渡色、亮色加强或改变脸部结构和脸形轮廓，使其更具立体感。阴影色会使脸部某些部位减弱、收缩；亮色会使脸部某些部位加强、突出。所以，一般阴影色用在需要凹陷的部位，亮色用在需要突出的部位，过渡色则起到衔接明和暗的作用。化妆要突出的主体应表现得明确显著，从属的部位则应以衬托主体为目的。

（2）重组明暗关系。重组明暗关系是指运用素描知识重新组成层次关系。在化妆法中就是用阴影色、过渡色、亮色根据脸部结构，利用原来可以利用的部位来重新组成明暗层次，在立体的脸上重塑立体效果。比如，当我们把一个扁平的脸塑造成富有立体感的脸型时，根据面部凹凸结构增加明暗的对比、层次的过渡；或者将脸部骨骼中的凸起部位用浅色提亮，将脸部骨骼中凹陷的部位用深色收缩。我们在塑造胖妆时运用圆弧的线条和明暗层次的过渡来表现一种球体形状，充分体现脸部胖的体积感。虽然看似很夸张，却也是真实可信的，因为这种夸张有理可循，离不开脸部结构的合理性。反之，如果不考虑结构，就会显得很假。所以，脸的结构特征是重组脸部明暗层次的重要因素。

总之，要把握面部皮肤的固有色，包括肤色、发色、瞳孔颜色等。在固有色的基础上进行对比调整，最终达到协调统一的效果。

3.面部真实感的描绘：质感、量感

质感是由于物体本身分子结构的不同，形成一定形态的质地特点。质地的软硬、松紧、粗细、纹理、光泽等都是形成质感的外在因素。仅就人体的面部而言，骨骼成相、肌肉走势、性别差异、年龄大小、岁月痕迹等的不同，会在面部留下不同的特征。强化优点、掩饰缺点，面部的质感才能真实地表现。

量感与质感是物体固有的属性，表现于形象本质特征的两方面。在化妆中，有了质感的充分表现，量感也就在其中了。量感与质感表现得越充分，物体的真实性也就越强。

二、色彩与化妆

色彩是造型艺术的重要因素之一，它有着先声夺人的吸引力，刺激和感染着人的视觉和情感，陶冶着人的情操，给人们提供丰富的视觉空间。色彩对化妆的成功与否起着重要的作用，它不是脱离形体、时间、空间、人物、肌理等而单独存在的，而是在特定时间、空间、物质、精神中的特殊构成。“形”与“色”是造型艺术的两大基本要素。物体视觉形象的形成，主要取决于物体的形状与色彩。化妆师应当了解色彩基本知识，理解色彩的原理及规律，培养对色彩的敏感性。

（一）色彩的产生

色彩是由光的刺激而产生的一种现象，光是发生的原因，色是感觉的结果，色彩的产生过程是光线→物体→眼睛。

1.光与色彩的关系

光是一种电磁波。当夜晚关掉电灯时，房间里就会漆黑一片。因此，可以说没有光，也就没有色彩的存在。

太阳光、灯光常常感觉是白色的，其实这种白光是由许多种色光组成的。太阳光通过三棱镜可被分解成红、橙、黄、绿、青、蓝、紫七种颜色，称为光谱色，它是一种连续性的色带，各色之间是互相融合、渐次变化的，这是太阳光的基础色。色带光谱中的任何一种光色都不可能再次被分解。如果再用凸透镜将七种色光聚拢起来，则又变成白光。这种由七种不同波长的色光混合而成的白光称为复色光，也称复合光。

2.光与物体的关系

人们能够看到物体的色彩是物体经光照射所发出、反射或透过的光，刺激人们的眼睛所产生的现象。

自然界的物体在阳光照射下，能显示各自不同的颜色，这种视觉现象就是由光的吸收和反射作用造成的。当太阳光照射在物体上，这种复色光中的七种色光成分，有的被吸收了，有的被物质反射出来，反射出来的色光传播到人的眼睛时，人就感觉到颜色了。由此可见，物体的色彩是由物体表面所反射出来的光决定的。例如，太阳光照在红苹果表面，苹果的表皮只反射红色的光，吸收其他的光色，因此苹果呈红色；如果某种不透明的物体表面，把七种颜色光全部反射出来，物体表面就是白色；如果一物体表面把白光中的七种色光成分全部吸收了，就呈黑色。由于各种物体在吸收光量和反射光量的程度上存在差别，就形成了不同的色度。

物体色依光的变化而改变，当照明光的色彩改变后，被照射体的色彩也跟着改变。太阳光下的物体色彩变化较少，而舞台、橱窗为了强调表演或展示效果，往往运用各种不同的人工光来创造整体气氛与色调。

在现实生活中，色彩的视觉效果常不能单独存在，物体的色彩常会受到周围的颜色或背景的影响。周围的有色物体，可能将色彩反射于其观看的物体上，特别是有色物体表面越光滑，反射就越明显，影响力也越大。

（二）色彩的分类

通常，色彩可分为无彩色系和有彩色系两大类。其中，无彩色系是指黑色、白色及深浅不同的灰色；有彩色系是指红、橙、黄、绿、青、蓝、紫以及各色所衍生的其他各种色彩。

此外，根据色彩的冷暖感，可以简单地将色环中的所有颜色分为冷色系和暖色系两大类（见二维码“知识点2”）。其中，色环中的蓝、蓝紫等色使人感觉到寒冷，称为冷色系；色环中的红、橙、黄等色使人感到温暖，称为暖色系。

知识点2

色环（图片）

色彩的冷暖不是绝对的，而是相对存在的，同一色相也有冷、暖之分。例如，柠檬黄与蓝色相比是暖色，与中黄相比则显得较冷。

（三）色彩三要素

认识各种不同的色彩，最基本的前提是必须了解色彩的基本要素。每一种色彩都具有三种重要的性质，即色相、明度及纯度，称为色彩的三要素。

1.色相

色相指色彩的相貌，以区别不同色彩的名称。色相的范围相当广泛，光谱上红、橙、黄、绿、青、蓝、紫七色通常用来当作基础色相，但是人们能分解的色相不仅是这七种颜色，如红色系中有紫红、橙红，绿色系中有黄绿、蓝绿等色彩。

（1）三原色。原色也称第一次色，是能调配出其他一切色彩的基本色。颜料的三原色为红、黄、蓝，将三原色按照不同的比例调配，可以混成无数的色彩。

（2）三间色。间色也称第二次色，是由两种原色混合而成的色彩。例如，红与黄混合呈橙色，黄与蓝混合呈绿色，红与蓝混合呈紫色。

三原色和三间色可扫描二维码“知识点3”查看。

知识点3

三原色和三间色（图片）

（3）复色。复色是指两种间色相加而形成的色彩，色彩相加的种类越多，得到的色彩越多。

2.明度

明度是指色彩的明暗程度，也就是色彩的深浅、浓淡程度。一种颜色按广度的不同可以区别出许多深浅不同的颜色。从浓到淡、由深到浅，按不同明度依次排列，称为色阶。

七种色彩的明度次序如下：黄色明度最高，橙、绿次之，然后是红、青，明度最低的为蓝、紫。

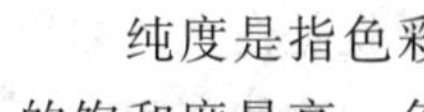

知识点4

色相、饱和度、亮度（图片）

3.纯度

纯度是指色彩鲜艳、饱和及纯净的程度。任何一个纯色都是纯度最高的，即色彩的饱和度最高。色彩越纯，饱和度越高，色彩越艳丽。纯度高的色彩加入白色将提高它的明度，加入黑色则降低明度，但二者都降低了色彩的纯度。

色相、饱和度、亮度可扫描二维码“知识点4”查看。

（四）色彩的搭配

1.色调

色调也称色彩的调子，是将色相、明度与纯度综合在一起考虑的色彩性质，指色彩的基本倾向，是色彩外观的重要特征。每个化妆设计都应有自己独到的色调，它是构成色彩统一的主要因素。如果色调不明确，也就不存在色彩的和谐统一。

（1）色调按色相可分为红色调、黄色调、橙色调和绿色调等。

（2）色调按色彩明度可分为亮色调、暗色调和灰色调。

（3）色调按色彩纯度可分为鲜色调和浊色调。

（4）色调按色彩色性可分为冷色调、暖色调。

色调的形成不是由以上某一个单一成分决定的，而是上述各个成分的综合表现。

知识点5

同类色（图片）

2.同类色

同类色是指在色环中取任何一色加黑、白或灰而形成的色彩（见二维码“知识点5”）。同类色在配色上是一种稳定、温和的组合。

知识点6

邻近色（图片）

3.邻近色

邻近色是指在色环中处于30°～60°的邻近的颜色（见二维码“知识点6”）。在色环中，取任何一色为指定色，那么凡是与此色相邻的色彩，就是此色的邻近色。邻近色在配色组合中具有稳定、和谐与安定感的特点。

知识点7

对比色（图片）

4.对比色

对比色是指色环中处于120°～150°的任意两色（见二维码“知识点7”）。原色对比较强烈，若想缓和两色的对比效果，可将其中一色的纯度或明度做适当调整，或由面积的大小调和两色对比的程度。在配色上，对比色具有活泼、明快的感觉。

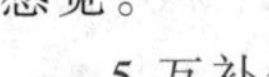

知识点8

互补色（图片）

5.互补色

位于色环直径两端的色彩为互补色（见二维码“知识点8”）。两色距离正好处于180°的对立位置，是色彩中对比最强烈的。若将互补色的两色并排在一起，容易产生眩目、喧闹的不协调感；但若能加以控制、调整好互补色之间的纯度或明度的对比，在相互衬托下，同样可以获得清晰、饱满、亮丽的色彩组合效果。

（五）化妆常用色彩搭配

在化妆中，“形”的构思依赖于色彩的描画来完成。通常在一个妆型中会出现几种不同的用色，在化妆用色的选择上既要考虑色彩搭配是否符合规律，又要考虑到化妆用色是否符合妆面特点，是否与妆面效果达成一致。因此，色彩的巧妙运用是完成化妆的重要因素。

1.化妆色彩的搭配方法

（1）色彩明度对比搭配。明度对比是指运用色彩在明暗程度上产生对比的效果，也称深浅对比。明度对比有强弱之分。强对比颜色间的反差大，对比强烈，产生明显的凹凸效果，如黑色与白色对比；弱对比则淡雅含蓄，比较自然柔和，如浅灰色与白色对比，淡粉色与淡黄色对比，紫色与深蓝色对比。化妆中色彩运用明度对比进行搭配，能使平淡的五官显得醒目，具有立体感。

（2）色彩纯度对比搭配。纯度对比是指由于色彩纯度的区别而形成的色彩对比效果。纯度高，色彩鲜明，对比强烈，妆面效果明艳、跳跃；纯度低，色彩便浅淡，色彩对比弱，妆面效果则含蓄、柔和。化妆中色彩运用纯度对比进行搭配，要分清色彩的主次关系，避免产生凌乱的妆面效果。

（3）同类色、邻近色对比搭配。同类色对比是指在同一色相中，色彩的不同纯度与明度的对比，如化妆中使用深棕色与浅棕色的晕染就属于同类色对比。邻近色对比则是指色相环中距离接近的色彩对比，如绿与黄、黄与橙的对比等。运用这两种色彩进行搭配，妆面柔和、淡雅，但容易产生平淡、模糊的妆面效果。因此在化妆时，要适当地调整色彩的明度，使妆面效果和谐。

（4）互补色、对比色对比搭配。互补色对比是指在色相环中呈180°的相对的两个颜色，如绿与红、黄与紫、蓝与橙色。对比色对比是指三个原色中的两个原色之间的对比。这两种对比都属于强对比，对比效果强烈，引人注目，适用于浓妆及气氛热烈的场合。在搭配时，要注意强烈效果下的和谐关系，其手法有改变面积、明度、纯度等。

（5）冷色、暖色对比搭配。色彩的冷暖感觉是由各种颜色给予人的心理感受而产生的。暖色艳丽、醒目，具有扩张的感觉，容易使人兴奋，感觉温暖；冷色神秘、冷静，具有收缩的感觉，使人安静平和，感觉清爽。冷色在暖色的衬映下，会显得更加冷艳。例如，冷色系的妆运用暖色点缀，则更能衬托出妆容的冷艳；同样，暖色在冷色的映衬下会显得更加温暖。在化妆用色时应充分考虑到这一点。

2.眼影色与妆面色的搭配

（1）淡妆眼影色及妆面效果。淡妆眼影色柔和自然，搭配简洁，在选择时要根据个人的喜好、年龄、职业、季节与眼睛的条件来选择。如浅蓝色与白色相搭配，眼睛显得清澈透明；浅棕色与白色搭配，妆面显得冷静、朴素浅灰色与白色搭配，妆面给人以理智、严肃的印象；粉红色与白色搭配则充满了青春活力。

（2）浓妆眼影色及妆面效果。浓妆眼影色对比强烈、夸张，色彩艳丽、跳跃，搭配效果醒目，面部的立体感强。要根据不同的妆型选择所用的眼影色。例如，紫色与白色搭配，妆型冷艳，具有神秘感；蓝色与白色搭配，妆型高雅、亮丽；橙色与白色搭配，显示女性温柔；绿色与黄色搭配，给人以青春、浪漫的印象。

3.胭脂色与妆面色的搭配

（1）淡妆胭脂色。淡妆胭脂色宜选择粉红色、浅棕红色、浅橙红色等比较浅淡的颜色。选色时要与眼影及妆面其他色彩相协调。

（2）浓妆胭脂色。棕红色、玫瑰红等较重的颜色适于浓妆。但是，胭脂色与眼影色和唇色相比，其纯度与明度都应适当减弱，从而使妆面有层次感。

4.唇膏色与妆面色的搭配

（1）棕红色：色彩朴实，使妆面显得稳重、含蓄、成熟，适用于年龄较大的女性。

（2）豆沙红：色彩含蓄、典雅、轻松自然，使妆面显得柔和，适用于较成熟的女性。

（3）橙色：色彩热情，富有青春活力，妆面效果给人以热情、奔放的印象，适用于青春气息浓郁的女性。

（4）粉红：色彩娇媚、柔和，使妆面显得清新可爱，适用于肤色较白的青春少女。

（5）玫瑰红：色彩高雅、艳丽，妆面效果醒目，适用于晚宴妆及新娘妆。

唇膏色还有黑色、蓝紫色、绿色、金色等。在选择颜色时，除了考虑以上因素，还要考虑场合的因素，如时装发布会、化妆比赛、发型展示会等。

（六）色彩的联想与心理感觉

1.色彩的联想

当人们看到某种色彩时，常会把这种色彩和生活的环境或有关的事物联想到一起，这种思维倾向称为色彩的联想。

例如，一般人见到红色，会联想到血、火、消防车或红苹果；看到绿色可能会联想到草坪、树木、绿色蔬菜等。这种色彩的联想，在很大程度上受个人经验、知识以及认识所影响，也会因年龄性别、性格、教育水平、职业、时代与民族的差异而有所不同。

色彩的联想（见表1-11）有时是有形象的具体事物，有时则是抽象概念。一般来说，幼年时所联想的以具体事物为多，随着年龄的增长及受教育程度的提高，抽象性的联想有增长的趋势，它属于比较感性的思维，也偏向人的感觉效果。

表1-11 色彩的联想

色相	具体的事物	抽象的感觉
红	火、血、夕阳、苹果、心脏	热情、喜庆、危险、温暖
橙	橘子、晚霞、秋叶	积极、快乐、活力、明朗
黄	香蕉、黄金、黄菊	明快、活泼、不安、光明
绿	树叶、草坪、山林	新鲜、安全、理想、希望、环保
蓝	水、海洋、湖泊、蓝天	沉静、理智、开朗、自由
紫	葡萄、茄子、紫罗兰花	高贵、优雅、神秘
褐	木头、咖啡	自然、朴素、沉稳、老练
白	白雪、白云、冰块、新娘婚纱	纯洁、虔诚、神圣、柔弱、脱俗
灰	水泥、阴天、砂石、冬季、钢铁	消极、失望、空虚、稳重、诚实
黑	夜晚、头发、墨汁、煤炭	死亡、恐怖、邪恶、孤独

2.色彩的心理感觉

人们观看色彩时，除了直接受到色彩的视觉刺激外，在思维方面也可能产生对生活经验、环境事物的联想，从而影响人们的心理情绪，这种反应称为色彩的心理感觉。色彩的心理感觉受个人的好恶、学识和年龄等方面的影响而有所差异，但大部分人对同一色彩会得到许多共同的感受。学习色彩的目的在于如何有效调配颜色，所以必须充分理解对色彩的感觉。

（1）冷暖感。色彩的冷暖感是心理感觉，与实际的温度并无直接的关系。红、橙、黄近似火焰的颜色，当人们看到这类颜色时，就联想到火的燃烧、太阳的升起、热血、红花等，因此，往往在心理上产生一种温暖的感觉；而蓝、青色则使人们联想到冰天雪地、海洋和天空，所以往往给人以寒冷的感觉。

颜色的冷暖是相对的。例如，紫红、绿色等与暖色的橘红相对照时属于冷色；而与冷色的蓝、青并列时又属于较暖的颜色。在同一色相中，由于纯度、明度及光照的不同，也会形成一定的冷暖差异。

（2）前进感与后退感。同一背景、面积相同的物体，由于其色彩的不同，有的给人以凸出向前的感觉，有的则给人以凹进深远的错觉，前者称为前进色，后者称为后退色。一般来说，明色与暖色有凸出向前感，暗色与冷色则给人以退后感。

（3）轻重感。色彩能使人看起来有轻重感，一般来说，明度越高感觉越轻，明度越低感觉越重。在无彩色系中，黑白具有坚硬感，灰色具有柔和感；在有彩色系中的冷色有坚硬感，暖色则有柔和感。

（4）色彩的味觉感。色彩具有味觉感，这种味觉感大都由人们生活中所接触过的食物联想而来（见二维码“知识点9”）。在过去的经验中，人们基于所食用过的食物的色彩，对味觉形成了一种概念性的反应。因此，人们对于没食用过的食物，往往会先以它拥有的外表色彩来判断其酸、甜、苦、辣。

知识点9

色彩的味觉感（图片）

（七）光色与妆色

色彩是由光线创造的，一个化妆形象之所以能给人以美感，除了形与色的构思作用外，光线的作用也是重要因素。光色与妆色决定着化妆造型的视觉效果程度，所以化妆师有必要了解光色与妆色的有关知识。

光色与妆色有着密不可分的联系，不同妆色在不同光色的影响下会产生不同的色彩效果。

1.光源的种类

人们接受的光源有两种，即日光和灯光。日光光源的特点是色温配高，光源偏冷，对妆面的影响小。灯光光源的特点是可以变化光色和投照角度，化妆色调在不同色调的灯光下会产生变化。

2.光的冷暖对妆面效果的影响

光依色相可以分为冷色光与暖色光，冷暖色光可以使同一妆色产生不同的变化。

（1）照在暖色的妆面上，妆面的颜色会变浅、变亮，效果比较柔和。例如，红色光照在黄色的妆面上，妆面显得亮丽、自然。

（2）照在冷色妆面上，妆面则显得鲜艳、亮丽。例如，蓝色光照在紫色的妆面上，妆面效果更加冷艳。

（3）暖色光照在冷色的妆面上或冷色光照在暖色妆面上，都会产生模糊、不明朗的感觉；蓝色光照在橙红色的妆面上或橙红色光照在蓝色妆面上，都会使妆面显得浑浊。

3.各种色调的灯光对妆面的影响

（1）普通灯泡的演色性。这种色光一般是低纯度橙黄色的暖色光。在这种光照射下的化妆色彩，黄色光加强了，照射后的色调统一，但明度一般较低。普通灯泡下妆面色调的变化见表1-12。

表1-12 普通灯泡下妆面色调的变化

妆色	照射后的效果
红色妆	含有黄色味的红
黄色妆	光亮的红色味的黄
橙色妆	橙色变得更加亮丽
绿色妆	暗浊的黄绿色
青色妆	灰暗青色
紫色妆	接近黑色的暗紫色

这种色光称冷色光，带蓝调。红色、橙色系统的色彩（赭石、褐色系）、色相没有什么变化，但明度纯度稍微降低；黄色系统的色彩，柠檬黄带有青色味，土黄类的色彩纯度变低。

青色和绿色系统的色彩，基本上色相不太受影响，但会稍微变得更冷，沉着而生辉。紫色和紫色类的色彩，色相上会失去一部分红色味，蓝味有所加重。

（2）彩色灯光的演色性。人们利用色彩的演色性来达到烘托气氛的效果，表现立体感或情调。彩色灯光照射下的妆色变化性较大，色相的走向是在色光与化妆色彩综合作用下产生的。如果化妆色彩与灯光相同或近似，受光后原色更鲜艳，色相感更明确；如果化妆色彩与灯光色相异或是补色关系，受光后原色变灰暗，色相感更模糊。

4.灯光在化妆中的造型性

如果用光讲究到位，可以有效地突出皮肤的肌理性、层次感，尤其是润饰光的作用最为明显，它可以改变模特的面貌，还要特别注意光线角度对造型效果的影响，不同角度的光线表现不同的语言。

（1）正面光。正面光又称顺光，阴影极小，可表现清晰的影像质感和艳丽的色彩，明暗反差小，无深度幻觉，层次色阶的表现都比较淡薄，正面顺光使皮肤显得细腻光滑、清晰明朗；高角正面光则会使脸变长，低角正面光使脸变短。

（2）侧面光。采用侧面光，即光源处于面部的横侧面，会形成明暗参半的效果。

（3）斜射光。斜射光在人面部的前方45°投向主体，能适度地表现主体的明暗对比，具有立体感、质感的表现能力。

（4）逆光。逆光又称背光，在强烈的逆光投射下，面部形成优美的轮廓魅力，但缺乏质感与色彩的表现。光源从主体的后方45°射出，明亮部位少而阴暗部位多，主体正面大部分被隐没，但有局部的光边，能很好地勾画出面部的线条。

任务实施

课堂知识竞赛

任务要求：

1.老师可根据表1-13中的知识点（也可适当增加本任务的其他知识点）对应的题号及分值，进行一次课堂知识竞赛。

表1-13　课堂知识竞赛内容

题号	知识点	分值（50分）
1	化妆中用来表现面部凹凸结构的素描方法	5
2	在化妆中明度对比搭配的应用方面	5
3	纯度对比的运用	5
4	强对比和弱对比的特点	5
5	暖色系妆容用冷色系色彩加以点缀后的效果	5
6	两种色彩面积相同或接近时的对比效果	5
7	化妆色彩的搭配方法	5
8	光的冷暖对妆面的影响	5
9	眼影色与妆面色彩搭配	5
10	素描在化妆中的线条表现	5

2.全班学生分为6组，每组选出1名负责人，小组负责人带领组员温习本任务所学内容。此外，小组负责人还负责竞赛抽题并维持组内秩序。

3.竞赛抽题的顺序：第1小组给第2小组抽题，第2小组给第3小组抽题，以此类推，直至第6小组给第1小组抽题。若转到别人答对的题目，则再抽题一次。

任务评价：

1.小组负责人组织组员回答由其他小组抽出的问题，所得分数由老师评定。

2.老师给各小组打分，并统计各小组总得分。

3.老师将各小组按照最终得分的高低进行排名，并根据情况设置活动奖品。

课堂知识竞赛评价表见表1-14。

表1-14 课堂知识竞赛评价表

小组	答题表述流畅情况（10分）	小组成员协作情况（10分）	其他（10分）	合计
第1小组				
第2小组				
第3小组				
第4小组				
第5小组				
第6小组				

德技兼修

四十字镜箴

在南开中学的入门处，立着一面醒目的大镜，镜子上方刻写着南开学校创始人严修书写的“容止格言”：“面必净，发必理。衣必整，钮必结。头容正，肩容平。胸容宽，背容直。气象勿傲勿暴勿怠，颜色宜和宜静宜庄。”短短几十个字，却令人回味无穷。把“容止格言”镌刻在“可以正衣冠”的镜子上方，学生出入校门必有所儆戒，后得名“镜箴”，并一直流传至今。

“镜箴”主要从两个方面对学生进行了规范：对于学生的外表，“镜箴”的要求非常严格：面必净，发必理。衣必整，钮必结。有了这些“必”，进入校门的学生就有了一个好的面貌，学生的精神状态自然也会焕然一新。对于学生的内在气质，“镜箴”提出了一个标准：“气象勿傲勿暴勿怠，颜色宜和宜静宜庄。”以一个平和的心态去学习，以一个平和的心态待人处世，不骄傲、不狂暴、不懈怠，果能如此，恐怕不仅气质上会面貌一新，道德涵养也会更上层楼。这段著名的“容止格言”每天都提醒着学生要时刻保持端庄得体的仪容、仪表、仪态，处处注意自己的容貌穿戴。

1916年，美国洛克菲勒基金会代表到南开中学考察，被这种育人方式打动，专门索要镜子的照片和镜箴译文。此时，在这里就读的周恩来以《函索镜影》为题，将这一消息发表在校刊上。周恩来自己就是容止格言精神最好的践行者，了解周恩来的形象气度、行事风范，就能够理解容止格言的意义。

走上革命道路的周恩来同样没有忘记南开的“镜箴”，他的衣着总是那样得体，神态总是那样平和。即使在长征的恶劣条件下，周恩来仍旧颜色“宜和宜静宜庄”。越是在关键时刻，越是在危难之时，周恩来身上所表现出来的气质就越能成为鼓舞人们继续革命、坚持到底的动力，周恩来心中的镜子还将光辉折射到身边的战友身上，成为一种动力、一种勇气。在后来的对外工作中，无论是同对手谈判，还是与朋友交往，周恩来举手投足之间流露出来的温文尔雅，都曾让谈判对手折服，也曾让无数不了解中国共产党的人开始重新认识中国共产党。

资料来源 张颖．南开“镜箴”与周恩来的气质［EB/OL］．［2020-12-07］．http://zhouenlai.people.cn/n1/2019/0604/c409117-31119578.html.

思政元素：爱国情怀　职业素养

思政感悟：化妆是人类文明的产物，化妆后的形象在信息传播中有着重要的作用。妆容能够激活人们在职场中不断创造的内驱力。妆容形象不仅是为了自娱自乐、满足自我身心愉悦的需要，也不仅是传统意义上的“为悦己者容”，还是一个人事业发展的重要资源，更是一种职业态度和职业追求。

学习效果综合测评

一、填空题

1.化妆的目的是运用（　　）和工具，采取合乎规则的步骤和（　　），对人的面部、（　　）及其他部位进行渲染、描画、整理，增强立体印象，调整形、色、（　　），表现神采，从而达到美化目的。

2.定妆粉的作用分别是：（　　）和（　　），防止（　　），减少（　　），增强化妆品的吸附力使妆面持久。

3.粉底的作用是（　　）。

4.表演化妆是根据角色特点使用（　　）的化妆技法来塑造表演者形象，以使其更符合所要表演的人物要求。

5.要改变一个人胖瘦的视觉效果时，可运用（　　）的原理刻画线条，使人在视觉感受上取得“变胖”或“变瘦”的效果。

二、问答题

1.狭义化妆的概念是什么？

2.广义化妆的概念是什么？

3.化妆主要分为哪两大类？

4.化妆方法主要包括哪几种？

5.生活类化妆的三要素是什么？三要素的具体含义是什么？

6.表演类化妆的三要素是什么？三要素的具体含义是什么？

7.什么是绘画化妆法？

8.什么是塑型化妆法？

9.什么是牵引化妆法？

10.化妆的基本原则有哪些？

11.底妆的基本材料有什么？

12.眼部化妆品包括什么？

13.唇部化妆品种类及性能作用有哪些？

14.化妆刷的种类和选购建议有哪些？

15.化妆的辅助工具有哪些？

16.卸妆用品的种类及作用有哪些？

17.洁面用品的种类及作用有哪些？

18.护肤用品的种类及作用有哪些？

19.隔离用品的种类及作用有哪些？

20.化妆刷的清洁及保养方法有哪些？

21. 化妆工具使用的注意事项有哪些？
22. 化妆主要应用了素描的哪些方法来表现面部的凹凸结构？
23. 在化妆中，明度对比搭配主要应用了哪些方面？
24. 纯度对比是怎样运用的？
25. 强对比和弱对比分别有哪些特点？
26. 化妆时，暖色系妆容用冷色系色彩加以点缀会有怎样的效果？
27. 举例说明化妆色彩的搭配方法。
28. 举例说明光的冷暖对妆面的影响。
29. 举例说明眼影色与妆面色彩搭配。
30. 素描在化妆中的线条表现有哪些？
31. 当两种色彩面积相同或接近时，会有怎样的对比效果？

2 项目二　化妆师的职业能力

化妆师要具有一定的艺术造诣、美学素养、绘画基础，以及历史知识和观察、分析生活的能力，能够掌握并熟练地运用化妆技法和技巧，从而完成规定的化妆任务。生活是一切艺术取之不尽、用之不竭的源泉。化妆师只有生活知识深厚，才能积累丰富的形象素材。

任务一 化妆师应树立的理念及基本能力

◎ 任务目标

知识目标：

1. 了解化妆的核心内容；
2. 了解化妆师应当树立的理念。

能力目标：

1. 具有敏锐的观察力；
2. 具有熟练的技术表现能力。

素养目标：

1. 具有良好的职业形象，树立“以人为本的服务意识”；
2. 养成细致、耐心、认真的职业习惯。

知识准备

一、化妆师应当树立的理念

（一）“形”与“色”是化妆的核心内容

化妆，是一门造型艺术。如果对其内容进行高度的概括，核心的内容有“形”和“色”两个方面。也就是说，化妆首先是对形的塑造，其次是关于色彩的运用。

“形”是人体和各个部位的形体形态，包括五官的形态、脸形、发型、体形以及着装后的整体形态。“形”是人美感的根本方面，是其他美感因素表现的基础和载体。

这里的“色”，具有更广泛的含义：一是指形的外表色彩；二是指包含形的质地所表现出来的质感、肌理等，这两个方面在化妆中就是指人的肤色和肤质；三是指人的形象除了形体和肤色、肤质之外，还有体现精神方面的性格、气质等内容。性格往往包含在形中，而气质常常通过神态表现在外貌上。所以这里所说的“色”，包括肤色、肤质、气质三个方面。

“形”是内容，是基础，是载体；而“色”是“形”具体的外表形态，“色”能使“形”更生动、更具体地表现出来。在色彩、质地、肌理等这些外在表现形态的要素中，色彩最为直观、重要。所以我们把人的色、质、气等外在表现形态因素统称为广义上的“色”。

在人的相貌美感中，表现最直接的是肤色。每个人的肤色不同，并且存在着较大的差异。每个人的肤色在身体的各个部位也不相同，如在额头、脸颊、眉眼、口唇等部位都存在色彩差别。在化妆中，色彩运用得恰到好处能够极大地提升妆面的美感，甚至能够掩饰一些相貌的不足。

除了肤色，人的肤质也是美感的一个重要方面。好的底妆，可以调整人的肤色和皮肤状态，能够极大地提高一个人的美感。

另外，一个人的性格和气质，是人的形象另一个重要的美感表现方面。性格与气质这两个方面是人精神方面的体现，是赋予妆面生命力的因素。性格更多地表现在脸和五官的“形”中，而气质则更多地通过神态表现在脸上，与“形”和“色”都有着密切的联系。因此在化妆的过程中，如果能够从“形”和“色”两个方面有意识地去追求和表现不同的性格和气质特征，那么画出的妆面将是一个形神兼备的、生动而富有活力的妆容，这是化妆师的化妆意识和技术水平以及专业素养高低的一个重要标志。

形的美感和好坏，决定了美最根本的方面；皮肤的色彩和质感，能够给予形更直观、更具体的表现力；而性格和气质能够赋予人的形象更生动、更高级的美感和吸引力。处理好“形”和“色”是化妆艺术，也是任何一门造型艺术最重要的两个方面。这个问题告诉我们，在学习化妆的过程中，要从“形”和“色”两个方面深入学习，不断提高自己的技术能力和职业素养。关于色彩，目前已经形成了完整的知识体系，因此要在化妆的学习和工作实践中深入地学习和充分地应用，而对于人相貌“形”的问题是我们这里要深入学习和研究的内容。

（二）优秀的妆容是不同的美感和性格与气质特征的统一

人的相貌各不相同，所以人的美感也千差万别。不同人的美感，只有相似而没有相同，因此每个人的相貌都有其自身的特点。明确一个人的美感特征，能够使化妆的目标明确，从而使五官等各个方面的描画共同形成统一的美感。

性格是人美感的一个十分重要的方面，人的相貌和性格是不可分离的。每一个人的相貌，都必然体现着某种性格特征，因此不同的美貌也一定是不同的美感与相应性格的共同体现。在日常生活中，人们对一个人的相貌描述，往往与性格分不开。比如说端庄贤惠、美丽大方、活泼可爱、优雅恬静、精明干练等，这些美好的形象，都体现着不同的性格特征。因此一个完美的妆容一定是妆面五官的美感和性格与气质的共同体现。

性格是赋予妆面灵魂的因素。一个妆面，如果只画出了漂亮的五官，而没有注重表现与之相应的性格特征，就容易形成五官形态的罗列和拼凑，会使得妆面空而无神。没有生命力，就没有生动感，因而也就缺乏表现力，这就是前面所讲到的“化妆表层化”的现象。在现实的学习和工作中，这样的现象还是普遍存在的。

人的性格有差异，气质则应是人美好的方面。性格与相貌都有天生的因素；气质则完全是人后天修养的结果。气质依附于性格又独立于性格，不同的气质通过相应的性格和神态以及谈吐等言行表现出来。比如一个人具有优雅从容的气质，首先他/她有沉稳的性格，并通过神态体现在脸上，而且在他/她的言谈举止中，这种性格和气质得到更进一步的表现和印证。

综上所述，一个人形象的美，包括相貌的美感、性格的鲜明和气质的美好三个方面，因此一个高水准的妆面，应当具有明确的美感表现方向，表现出鲜明的性格和相应的气质特征。单纯地追求五官“形”的美仅仅是化妆的一个初级层次，更高的标准是相貌的美感与性格和气质特征的统一。这一点，往往很多初学者认识不到，但又是一个十分重要的理念性问题。一个专业化妆师一定要树立这种意识，不仅要追求

“形”的美，更要追求“神”的美。只有形神兼备的妆面，才能够成为最好的妆容。

弄明白这个问题，在化妆的学习和工作中十分重要。首先，它使我们从意识上站到了一个更高的标准上，更重要的是在具体的化妆过程中，能够使我们始终清楚自己将要表现的是一个什么样的妆面，从而能够目标明确地进行化妆。我们提倡的做法是在开始化妆前，要用语言概括出将要表现的妆面特征。比如，精明干练的、端庄贤惠的、活泼可爱的、性感迷人的等。这样化妆就有了明确的目标和努力方向，而不至于盲目地去“画妆”。

气质的表现与心理因素有很大的关联。在准确地完成一个性格和气质特征鲜明的妆面的过程中，如果能够让被化妆者也明白妆面的特点，会使其在心里认定这个妆容，从而使其从神态、表情乃至言行举止等方面不由自主地表现出来，使妆容的美感和生动性以及吸引力得到最好的表现。

要在妆面中表现不同的性格和气质特征，需要对“形”的相关知识进行深入学习和研究。另外，化妆的出发点也是一个十分重要的因素，出发点站对了，妆面就有了一个良好的开端。比如画眼眉，分别从两个出发点来画：一个是仅从美观的角度来画，另一个是从充分考虑性格表现的角度来画，最后所画出的眼眉感觉一定不同。因此，理念决定出发点，出发点决定成败。

（三）美感的产生建立在健康的基础上——树立正确的审美观

化妆，是研究人相貌形态的艺术，因此对人的脸形和五官形态的形成机理以及表现规律，都要进行深入研究，才能够真正掌握化妆的真谛，从而塑造出各种完美的人物形象。任何存在的东西都有其存在的价值，没有用的东西，不会被造物主创造出来。人的形体以及各个部位之所以会生长成不同的形态，都有着内在的生理形成机理和表现规律。应当说任何器官的形态，一定是为适应和体现着某种生理功能的需要而产生的，并且在外观形态上表现为一种健康而美好的形体状态。这些肌体的形态，由于每个人的生理、性格、心理等方面的不同，又产生了更为复杂多样的表现，从而形成了体现不同美感和性格特征的相貌。因此，脸形和五官形态美感的产生，首先一定是建立在符合各个部位的生理功能和生理结构的基础上。它告诉我们化妆必须遵守的一个准则就是：对五官的塑造和表现，必须建立在合理、健康的生理形态上，不能为了片面追求某种流行的或者个人的喜好而不顾及生理结构的表现规律，随心所欲地描画。

这里讲的合理和健康有两个方面的含义，即生理结构的合理和形态表现上的适度。任何部位合理的生理结构，本身都体现着一种美感。生理结构如果不合理，就是一种缺陷、一种病态，其外在表现形态一定不完美。合理的就是健康的，健康的就是完美的，因此生理结构的合理是美好形态产生的前提和基础。

一个完美的结构在具体的外在表现形态上，存在着多样的个体差异。比如一个人脸形的骨骼结构都很完美，但是在外表形态上或是胖了，或是瘦了，就表现出不同程度的美感。而一旦超过了合适的尺度，美感就会被降低和破坏。因此表现形态上的适度，是美感产生的直接因素。从生理角度上讲，这个形态上的适度，也正是满足某种生理功能需要的一种合适的度量。比如运动员的肌肉发达，是为了满足相应的运动需要；普通人身体各个部位的形体状态，也是反映并符合其相应的工作、爱好、生活习惯等方面的情况。合理与合适是健康的两个表现方面，因此健康不仅是美感产生的基础和前提，也是美感的表现形式，这一点在任何时候都不会改变。

树立正确的审美观，是一个非常重要而严肃的问题，它是形成正确的社会审美风尚的源头。化妆师是美的创造者，是社会审美风尚的引领者。大众往往是社会风尚和流行时尚的跟随者，因此化妆师树立正确的审美观具有非常重要的社会意义和现实意义。这个问题对于当代生活的意义在于：对过于追求“锥子脸”“芭比眼”“筷子腿”“嘟嘟嘴”等现象以及对男性审美“娘化”现象要有一个正确的认识。应当认识到，凡是过分追求某种形态而违背生理规律和超出健康形态的现象都是一种病态。

为了追求流行的“锥子脸”而不顾及脸部下颌角的生理结构特征，过分地削弱下颌角的形态，就形成了脸部生理结构上的缺欠。尖下颌的美丽，是人们对女性姣好面容的共识，但是美丽而健康的尖下颌，也一定要有下颌角的存在。而且正是由于下颌角的存在，并且下颌角还呈现着多种不同的形态差异，才使得尖下颌呈现出美丽而丰富多样的形态表现。

欧式妆、日式妆和韩式妆各有特点，对待它们的态度应当是借鉴而不是模仿和照搬。一个国家、一个民族、一个地区都有其自身的文化和习俗，审美也一定体现着他们的文化和习俗等背景。美丽无国界但又有差异，美的标准自古以来就不是一成不变的。每一个时代都有其流行或公认的美的标准，但是古今中外唯一不变的美丽准绳就是健康。所谓“环肥燕瘦”，不管是赵飞燕时代的以瘦为美，还是杨玉环时代的以胖为美，胖和瘦的程度都不会超出健康的范围。

树立正确的审美观，是化妆师、造型师和形象设计师必须具备的专业素养和职业要求，也是引领正确的社会审美风尚的责任和义务。

（四）人的性格特征体现在生理功能与表现形态的统一和对立之中

要表现或者塑造人的性格，就必须知道性格特征从哪里产生。前面在形态学的知识中介绍了若干种几何形态的性格特征，这方面在人的相貌中同样适用。在人的相貌中，五官的形态及其组合形态是性格表现的两个重要方面。

人体各个部位的形态，都是为了满足人的各种功能需要而形成的。因此，五官的形态都体现着各自的结构，各自的结构一定体现着各自生理功能的需要。在具体的形态表现与这种结构和功能之间存在的统一与对立的关系，就是不同性格特征表现的一个基本因素。比如，眼眉的功能是保护眼睛，因此它的正常形态应当是伴随着眼睛生长并随着眼睛的形态而向下弯曲的，可是当一个人眼眉生长的方向与眼睛背道而驰时，就会表现出强烈的性格特征。此外，统一的性格特征往往在五官上表现为一种共同一致的形态。比如，一张端庄方正的脸上长着平和安详的五官，就是一个端庄贤惠、亲切平和的性格特征，一旦脸型和五官的统一形态从某一个方面被打破，就会体现出不同的性格表现。再如，在这张脸上，眼眉画得不那么温柔祥和了，而是向上扬起或者棱角感比较强，就会产生凌厉、强势的感觉，原本那种端庄平和的性格特征就被打破了。

又如，沮丧悲伤的神情为什么眉眼和嘴角等部位都要往下延伸，是因为利于排出眼泪，释放情绪；相反喜悦的神情就往上延伸。所以性格特征是从形的本身和形的组合方面得以体现，因此一方面要注重对五官的形和脸的形进行深入分析与研究，另一方面要从它们的组合形态和生理功能中研究，并结合形态构成学方面的知识加以更深刻的理解、认识和掌握。

二、化妆师的基本能力

（一）观察力和感受力

1.观察力和形、形状、形体、形态

观是看，察是分辨。观察力就是对不同的形状、形体、形态高度敏感和察觉的能力。这里所说的观察力，就是指对人的五官外貌等各个部位细微的差别和特点，都能够敏锐和准确地察觉的能力。

形是一个广义的概念，包括形状、形体、形态，是指形状或形体所表现出来的外表样式。形状，是指形的样式，为了区分形体这里把它理解为平面的（有时候形状的广泛含义也包括形体的形状），它是基本的；形体，是指物体的外形，是立体的；形态，就是形状和形体处在一定环境中所表现出来的综合状态。

形态包含两个方面的内容：

第一，形本身所呈现出来的状态，包括形、色彩、位置三个方面。形就是形状和形体自身呈现出来的不同形状；色彩就是形本身的色彩，美术上叫固有色；位置就是形所处的方位状态。其中，位置是影响形态的一个十分重要的因素。同样的形，由于所处的位置状态不同，体现出来的形态就会不同，给人的感受也会不同。比如同样一种眉型，在人脸上平的和向上扬的或向下垂的，所呈现出来的性格特征就各不相同；又比如同样的五官，由于三庭五眼的位置分布不同，体现出的相貌特征也不同等。

第二，形所处的环境对其影响所呈现出来的状态。比如几个不同的形组合在一起，它们彼此之间会互相影响。原本单独看起来比较长的或大的，在周围其他不同形的影响下，就会给人感觉不那么长了或大了；深颜色的和浅颜色放在一起，以及暖色和冷色在一起对比，深色的和冷色的感觉靠后，浅色的和暖色的感觉往前等。因此，形态的含义包含环境的因素。

这些现象都要求化妆师要能够分别从形状、形体和形态三个不同的角度分别进行观察，不仅要看到形在一定环境中所呈现出的形态，还要把它从环境中分离出来，看到它自身独立的形状和特点。只有这样才能够看得准确，才能够准确地把握形。

敏锐的观察力是学好化妆的一个十分重要的能力，并且这个能力贯穿于化妆工作的始终。化妆的过程，是一个对形的不断塑造和调整的过程，通过不断地比较和调整，使形态达到最佳的表现。没有敏锐的观察力，化妆就会变得迟钝，出现偏差，画得不准确。比如在修眉的过程中会发现，有时候一根眉毛的去留，都会直接影响到最终的效果。这种极小的、细微的差别，在关键的部位处尤为重要。只有具备了敏锐的观察力，对每一种形和色彩的细微差别都能够敏锐地察觉到，才能够做到对形的准确把握和对色彩的完美运用。

2.感受和感受力

感受是指通过观察不同的形、形态以及色彩，使人在心理、情感方面产生的某种变化。感受力就是指对人的形体、相貌所表现出的美感、性格、气质等方面察觉、领会、认知、理解的能力。比如观察一个人的相貌以及他的穿着打扮，对他的相貌、气质、性格等进行判断，并在心理上产生愉悦、美好、亲近、善良或丑陋、厌恶等多种不同心理感受，并且这些感受，每个人都会有不同，有感受强弱的差别。

任何形以及所呈现出来的形态，都包含着丰富的内涵，都会对人的内心产生一定的影响。作为专业化妆师，与普通人的感受有着本质的区别。普通人的感受，往往只停留在感觉的表层。而作为专业化妆师的感受，是一个深刻认知的过程，是一个知其然并知其所以然的过程，是从一般人的感性认知上升到理性认知的过程。具体地讲就是一个对被观察的形态进行判断、认知、联想等一系列思维活动的过程。

判断，就是对人外在形象的美丑、性格、气质等多方面的认定；认知，就是对这些被认定的美丑、性格和气质等方面的因果、形成机理、表现规律进行深入认识和理解的过程；联想，是基于前面两点而想到的应当用什么样办法和手段来应对的想法。也就是说，化妆师不仅要敏锐和准确地感受到一个人相貌的美丑，还要知道这种美丑产生的成因和应对的办法，也就是用什么样的化妆方法来表现和改造。经过这样一个判断、认知、联想的思维过程，化妆师就能够在化妆的时候做到成竹在胸，从而有明确的化妆目标，能够保证画出优秀的妆面。

感受力是主观的，受观察者的经验和阅历乃至个人喜好等因素影响。经验和阅历丰富的人往往会感受得更为准确和深刻。这个方面要在学习和生活中有意识地不断加以提高和培养。从提高自己的观察力开始。要知道观察和感受是不能分开的思维活动的两个方面，没有观察，就不能感受，只有深入观察到才能深刻感受到，进而才能够很好地做到。

对于个人的喜好，必须有一个理性的认识，不能因为自己的主观意愿而忽视对方的、大众的、客观的需要和审美标准。很多时候必须放弃自己的主观好恶而服务于对方和客观环境，更不能因为自己的喜好而把妆面画得千人一面，这方面往往是初学者最容易犯的错误。

（二）技术表现力

技术表现力就是为了塑造或表现某种形象，所运用的各种具体技术手段和方法的能力。具体地说，就是熟练运用各种化妆技巧和技法的能力。这个能力从一个更高的层次上来说，是一种表现力或塑造力。

前面已经比较深刻地了解了“化妆”的含义，那么妆容的“转化”就是化妆师通过化妆的各种技术手段进行重新表现和塑造的过程。要始终树立一种艺术表现的意识，一定要认识到化妆师是在用化妆笔来表现和塑造出不同美感和性格的人物形象，而不是“画”。这种表现和塑造是一个化妆师对他头脑中人物形象的一种技术表达，各种化妆技巧和技法都是用来表现这个人物形象的一种艺术语言和手段。

要把化妆看作一种艺术创作。任何艺术创作的过程，都包含着观察和感受两个方面。从社会生活中的各个方面得到启迪和发现，并在头脑中形成和储备一定的艺术思想和艺术形象，这叫作艺术构思或艺术积累，然后才是运用所掌握的技术技巧来进行表达和创作，艺术构思的高度，往往取决于一个人更多的职业经验、生活阅历和艺术修养，以及多方面知识的积累，它标志着一个人思想和艺术水平的高度。熟练地运用各种技术手段和技巧，把构思的人物形象准确而生动地表现出来，是创作者技术水平的体现。任何艺术作品水平的高低，都取决于这两个方面，并且前一点更为重要，它是优秀艺术作品产生的前提条件。

古语云："汝果欲学诗，工夫在诗外。"具体的化妆技法，仅仅是塑造人物形象的一种技术手段。没有掌握好这些技术手段是不能创作出好的作品的。但是缺少要表现的内容，或者内容空洞不典型、不生动，没有生命力，拥有再高超的技术能力，也没有意义。任何一件优秀而富有生命力的艺术作品，都包含着丰富而深刻的思想和艺术内涵以及精湛的技术水平。

对人物、生活的观察和感悟，是获得丰富艺术思想内容的前提，是完成优秀艺术创作的前提，也是使自己专业技术水平达到一定高度的必由之路。在生活、学习和工作中要养成随时随地观察和感受的习惯，不管到哪里都要用专业的眼光去观察身边各种各样的人，观察他们的形体相貌，妆容打扮；观察他们的言行举止和精神面貌。这个良好的习惯，能够使自己天天得到进步，时时得到启发和提高。各种各样的人，每个人身上都体现着他自己独特的美感和性格气质特征。观察和思考这些美感和性格气质特征从哪些方面体现出来，一个富有特点的容貌的标志性的特征在哪里……都对自己的技术水平和艺术思想有着多方面的启发和提高。

在学习化妆的过程中，要始终重视对自己观察力和感受能力的培养，并且应当把这个方面视为一个优秀化妆师重要的职业素养来加以提高。

（三）如何观察人

每个人在形体相貌上或多或少都有些缺点。一个素面朝天的人为什么没有化了妆的人好看，是因为他五官的优缺点互相交织在一起，削弱了本应有的美。化妆师的眼睛应当具有去伪存真的能力，找出其具备美感的因素，通过调整不足，使人的形象更加美好。

一个专业的化妆师应当具备的职业习惯是，每当看见一个人的时候，就能够迅速而准确地概括出他五官相貌的优缺点，掌握其相貌的特征，并通过这些相貌特征，感受他的内在性格和气质以及家庭、教育、身份等背景情况，知道如何美化其形象或塑造某种形象。

一个人的相貌特征主要从三个方面进行观察和分析，即优点、缺点和特点。

对于优点，应当保留和加以发扬。要通过观察，感受到这个优点美感的倾向性。认识到其属于哪种美，是成熟端庄的，还是纯真可爱的；是妩媚动人的，还是妖艳诱人的等，最好能够用词语概括出来，这样就会使得人物形象的表现生动而明确。

对于缺点，要知道应当从哪些方面进行完善和修饰。能够完善的，运用所掌握的化妆技巧，很好地完善和美化；美化不了的，想办法进行修饰，进而突出其美好的方面。

对于特点，也就是一个人特有的相貌和性格特征。这种特征一方面可能是五官形态的特殊，另一方面可能是某种强烈的性格和气质特征表现。对这两个方面的认识和处理能力，最能够体现一个化妆师的专业能力和职业素养的高度，这方面如果处理得好，不仅能够使自己塑造的人物形象更美丽，而且会更加生动、鲜活，具有典型性美感和高度的表现力。

概括出一个人的相貌特征，具有重要的现实意义和应用价值。在当今这个个性飞扬的时代，人们追求的往往不再是单纯的美丽，更追求具有独特个性的美，因此表现一个人的个性，是化妆的一个重要原则。拥有一个动人的、个性鲜明的相貌特征，往往会超越单纯的相貌美丽，会使人显得与众不同、超凡脱俗，更容易给人留下深刻的印象。甚至在某些行业里，性格特征是否鲜明，关系到一个人事业发展的顺利与否。因此，重视对一个人相貌特征的挖掘和表现，体现着一个专业化妆师的技术水平和职业素养的高度。

（四）提高自己的感受力

感受力是主观方面的东西，它有着共性的方面，同时又因人而异，存在着个体差异。共性的，是客观形态本身呈现出来的被大众公认的方面；个体的差异是观察者对客观形态的理解和认识，不同的人会有一定的差别，表现为有的人感受强烈，有的人感受得不那么强烈，有的人能感受到，有的人可能感受不到，甚至还可能出现感受相反的情况。

共性的是被多数人认可的，能够经受得住推敲和验证，它通常是内在规律和事物本质方面的认证，是基本的，也是获得更多感受的依据和出发点。个体感受的差异，与个人的职业经验、生活阅历、兴趣喜好等诸多主观因素有着密切的关系。在一定领域内的专业人士，有着更为准确、更为敏锐乃至于超前的感受力。超前的感受力，是引领时代潮流的动力，这样的感受力，来自对专业知识的深入学习，来自职业经验的不断积累，来自对生活和时代感多方面的认知和感悟。

化妆，“形”是基础，是根本。首先要对形的构成和形的表现规律进行深入学习和研究。这是掌握专业知识和提高专业技能的前提，也是在职业生涯中不断地提高自己的专业素养和艺术修养的基础。

1.“形”的构成规律

从色彩方面来说，世界上千千万万种颜色都是由三种原色混合而成的，从形的方面来讲，世界上千千万万种形都是由两种基本的形演化而来的，它们就是方和圆。“方”，是指不同比例的四边形；“圆”，是指所有没有角的形。

直线和曲线是形态构成的基本元素，直线形成了方，曲线形成了圆。方和圆的复合和组合，演化出了各种各样的形。

方和圆是两种对立的形态，它们的复合形成了体现不同方圆特点的复合形，从而形成多种不同的感受。人的脸型就是由不同的方和不同的圆复合而成，不同的美感和性格特征往往就因此而表现出来。同样比例的脸型，有的显得比较方，棱角感比较强；有的就显得比较圆润而没有棱角感，最终给人的美感和性格的感受完全不同。这方面在人的五官形态中也是一样的道理。因此，方与圆两种基本形的概念对人相貌的研究有着重要的意义。

2.“形”的性格与表现规律

任何形和形态都会给人不同的感受，称为形的表情或性格。前面讲过几种基本几何形态的性格表现，其中方与圆和直线与曲线呈现出来的性格感受是最基本的。任何复杂形态呈现出来的感受，都是在这几个最基本的形和要素的感受上引发并延伸出来的，因此对这些基本形和要素的认识，是掌握复杂形态感受的基础和出发点。

在形态表现上，直线和方，表现为硬的、强的、稳定的、直接的；曲线和圆，表现为软的、弱的、动态的、圆滑的等。这些形态通过它们的复合和组合，又演化出来各种不同感受的形态，使大千世界的万物形态得到更为丰富的延伸和更为生动的展现。

线作为最基本的形态要素，本身具有很强的概括性和表现性，一切直线和由直线所形成的形，都具有稳重、刚毅的男性化特征。一切曲线和由曲线所形成的形，都具有动态、柔和的女性化特征。在形态学上，线不仅有长度，还有宽度，并且往往随着线的长短、虚实、大小、肌理等表现要素的变化而形成复杂多样的表现形态。

直线和曲线、方和圆在形态表现上是对立的两个方面。因此，通过掌握不同的曲直和方圆之间对立感的尺度，以及长短、虚实、位置、色彩、肌理等形态表现要素，是塑造不同人物美感和性格特征的一个非常重要的方面。

3. 根本形态与修正形态

点的运行在没有外力作用的情况下形成的是直线。因此，线产生的原始状态是直线。曲线的产生是为了适应不同的需要，是对线原始形态的一种修正表现。因此，曲线反映更具体的内容，表现得更为直观、生动、多样，更富有表情性。

同样，方是形的原始形态，因为它体现的是比例，也就是说方是比例的原始表现形态。圆是对原始比例形态的一种修正。

总之，直线和方是根本形态，曲线和圆是修正形态。根本形态具有原始性和唯一性，修正形态具有多样性和表现的直观性。比如，直线只有一种，而曲线可以有无数种；体现某个比例的方只有一个，而体现这个比例的圆有无数个。方的根本性还表现在它是所有形的母体，它能够演化出同一比例的多种不同的圆。方与圆形态的表情与性格演化的规律，是掌握其他形和复杂形态感受的基础和出发点。与其说方是一切形态的母体，不如说比例是一切形态产生最根本的因素。这方面对于观察和判断人的脸型和五官相貌的美感以及性格特点，有着非常重要的意义。如果把它们看作脸型的话，性格特征就分别显现出来。

这里要强调的是，对于这些基本形和要素的感受，不能只停留在他人文字描述的层面上，而要把他人的感受作为对自己的启发，使其上升为一种来自内心的感触，不论对“形”还是对“色”都是这样。比如，红色象征着热烈，那么当看到橙红色的时候，应当问问自己，是不是真的能够在自己的内心产生那种火一样的热烈的感觉，还是仅仅记住了别人的描述。所以我们提倡的学习方法是“感悟”，通过这样的学习，把自己的感悟转化为自己身上的一种专业直觉，每当遇到具体问题的时候，自己的专业直觉就使得自己能够快速而准确地把握各个方面。这是一种高度的职业素养和一个良好的职业习惯，需要在一定的专业学习和职业生涯中得到磨炼和提升。

根本形态和修正形态的概念，告诉我们首先要看到形态的本质，并要处理好本质与表象的关系。在观察人的时候能够抓住其相貌形态的根本特征和主要方面，这也是后面相关知识学习的出发点和根本点。要知道简单的东西，往往包含着深邃的内涵。

三、形态表现规律和视觉观察规律

（一）形态表现规律

任何事物呈现出来的形态，都有着内在的形成规律。掌握这些规律，对指导化妆造型工作、提高化妆水平有着重要的意义。

整体与局部的关系问题，是事物存在的普遍规律，也是形态的表现规律。

在事物的表现形态上，整体处于决定地位，形成形态的主流。表现在人物形象上，就是人身上呈现出的某种统一的美感和性格特征。统一的，就是在一个人身上各个五官形态共同形成一致的美感倾向性。比如从“形”的角度来说，一个人很漂亮，他/她可能单独来看某个五官并不完美，但整体的相貌特征很协调，体现着某种统一的美感并形成主流，那么他/她的相貌就是好的。相反，如果一个人只是某个地方长得很好，但是更多的地方存在着诸如比例失调或形体有缺欠等问题，那么也是不漂亮的。性格也是一样，如果一个人给人的面相是温柔贤惠的，那么他/她的各个地方都会体现着这种性格特征的统一性，而不会出现与之矛盾的形貌特征。

统一的表现就是整体的协调。应认识到这样一种现象：各个单独看起来很美的五官，组合到一起并不一定是最美丽的脸庞；整体看很好看的脸庞，如果把五官分开后，其各个部位的形也不一定都是最美的。

曾经有人做过这样的实验，把大多数人认为最美的某些明星的脸形和五官分别分离出来，然后组合到一起，发现这个新的面容并没有原本的每个人好看，并且似乎缺少了某种神韵，因为它们只是美丽“形”的罗列和堆砌，没有性格的统一，是没有灵魂的。这就告诉我们一个道理：五官单纯美丽的“形”没有意义。因此，化妆不能只追求把局部的五官画得好看，而忽视了整体协调、统一的美感，这种能够统一、协调脸型和五官产生美感的纽带就是性格。所以，在化妆中重视性格特征的表现，是化妆技术水平和专业素养的标志。

整体是由局部组成的，同时局部也影响着整体。在一定条件下，关键部位极具特征的局部形态，对整体也有着非常重要的影响，能够形成对整体特征的引领作用。比如“慈眉善目”这种形象，总体特征是善良的，而这种慈善集中表现在眉目上；再如“尖嘴猴腮”，总体形象是奸诈狡猾的，但这种奸诈和狡猾却集中表现在了脸颊和嘴上。人们对一个人相貌的描述，往往是抓住他最具性格特征的地方来概括。因此，化妆师不仅要重视整体，还要重视某一局部特征的刻画，塑造出整体统一而又特征突出、鲜明、生动的人物形象。

在塑造和表现一个人物形象的时候，要善于在把握整体形态的情况下，从某个更为具体的局部来突出刻画人物形象。这是人物形象塑造的一种方法，也是一个技巧。做到这一点有较高的要求和难度，但它却是一个优秀化妆师必须追求的最高水准。

试想一下，一个被画得各个地方都比较好看的人，和一个不仅好看，还有着人们所说的身上某个地方带有很吸引人的那么“一股劲儿”，哪一种更好，不言而喻。那么人们所说的“那股劲儿”是什么，它就是与众不同的极具性格和气质特征的地方。有些电影演员就是因为其相貌非常具有某种性格和气质特征的典型性而被导演选中，还有更多的人由于相貌的极具特征性而被人很快地记住和接受，在事业的发展上顺风顺水。

如何把握这种特征鲜明的地方，不妨从这样一个思路来尝试：就是看到一个人，先要找出他身上的某个特点，或者叫作“亮点”。这个亮点不仅仅是指“美”的地方，也包括比较“特别”的地方，给人以某种特殊感觉的地方。当然不是所有的人都有这种亮点，但是，往往有很多人身上的亮点，被方方面面的情况所掩盖，甚至连他自己都可能没有意识到，这就需要化妆师来发现。不仅注意他的外在形象，也要观察他的性格和气质等精神状态，也就是神态。所谓“相由心生”，可能你发现了一个人的亮点，有时候不需要作别的，只需给予他充分的鼓励和支持，让他充分地展现自己，就会使他的形象焕然一新。

塑造一个人物形象，要尽可能地明确这个形象的特征是什么，或者说标志性的东西在哪里，并且知道应当从哪些地方来塑造和表现。一个人物形象的性格和气质特征，一定最先在他的脸上表现出来，脸是人体形态最重要的局部。

脸型是一个人先天性格的原始体现。眼睛是心灵的窗户，心理的变化特别是情绪的变化，都能够通过眉眼，最集中、最鲜明、最准确、最及时地表露出来。嘴是人脸上另一个重要的性格和情绪的表现部位。因此，脸型、眉眼和嘴是塑造不同美感和性格特征重要的局部。除了它们各自的形态体现出不同的美感和性格特征外，它们的组合也能够更突出地形成某种统一的、鲜明而生动的美感和性格特征。

（二）视觉的观察规律

看到一个人，一般是最先看到他的体型，随着距离的接近，然后是发型、脸型，最后是五官各个部位，并且在近距离的交谈中，目光会停留在对方的脸上，不断地在对方的五官之间来回移动，停留最多的地方是对方的眼睛和嘴部。如果脸上某个地方很特别或非常好看，也会吸引人的目光不断地去看。这说明人的眼睛，存在这样一个视觉观察规律，就是趋大、趋动、趋美、趋特的规律。回顾一下第一部分视觉规律的实验，就能够很好地理解这个问题。

庞大的形体会首先被人看到；活动的地方会不断地吸引人的目光；美的地方使人的目光很愿意停留；特别的地方会吸引好奇的目光去看个究竟。

特别的地方，一方面是形的特殊，另一方面是色彩的突出。比如一个白皙脸庞上的烈焰红唇，显得是那么鲜艳夺目。特别美和特别丑都会吸引人的目光，区别只是特别美的能更长久地吸引目光而已。

趋大、趋动、趋美、趋特这四个要素可以叠加。比如平时所说的“特别好看”，就是既“特”又“美”两个因素的叠加，因此更能够吸引人的目光；如果特而不好，虽然很容易引起人的注意力，但不能持久，还会使人躲避；美而不特也不能长久地吸引人，不能给人留下更深刻的印象。

想象一下这样一个人物形象的描述：一双特别漂亮的大眼睛，长长的睫毛忽闪忽闪地非常灵动，特别吸引人，这就集成了大、特、美、动所有要素，并且这个人一定是一个活泼可爱的女孩子，形象特征非常显著。眉眼和嘴是脸上最富动态表情的地方；眼睛是心灵的窗户，能够表现出最为丰富的外在的美感以及心理，眼眉与眼睛是一种伴生的关系，它与眼睛共同表现情感；嘴是一个更具动感的并集形、色、声共存的地方，一个特别漂亮的嘴的诱惑力，有时候并不比眉眼逊色。因此，眉眼和嘴成为化妆的重中之重。

特别好看的地方，有一点就足够。如果所有地方都特别好看，也就没有了特别好的地方。不要试图把所有的地方都做到极致。有人说要留一点残缺，叫作残缺的美，其实是用残缺来突出美好的部分。业内知名人士君君把这方面叫作“一点式美丽法则”，指的也是这个道理。

综上所述，这两个规律告诉我们，不能单纯追求单个五官形的美丽，而脱离了整体形象的统一。五官的形，在化妆运用中没有最美，只有更适合。这就要求化妆师对各种五官形态，都要有一个深入的研究，理解其形成机理和表现的规律，掌握更多的五官形态的特点和表现方法，并且具备能够随心所欲地描画和表达出想要的形态的能力。

充分发掘一个人独特的相貌特征，应当成为每一位专业化妆师努力追求的一个目标。比如端庄、贤惠、慈祥、纯真、可爱、清纯、伶俐、豪爽、大气、玲珑、乖巧、性感、精明、精干、利落、知性、妖娆、妩媚等，当你掌握了这些美感的特征，并能够恰到好处地塑造和表现出这些美感特征和性格鲜明的妆容，就标志着自己的化妆水平达到了炉火纯青的至高境界。

任务实施

课堂知识竞赛

任务要求：

1.老师根据表2-1中的知识点（也可适当增加本任务的其他知识点）对应的题号及分值，进行一次课堂知识竞赛。

表2-1　课堂知识竞赛内容

题号	知识点	分值（50分）
1	妆面提倡形神兼备，“神”的方面的内容	3
2	让被化妆者配合妆面表现出更强烈的性格和气质特征的方法	3
3	开始化妆前明确将要表现的妆面特点的方法	3
4	美感是建立在健康的形态基础上的理解	3
5	为什么生理结构的合理和形态表现上的适度是人形体美感产生的根源	3
6	在化妆中性格的主要表现方面	4
7	除了高超的技术能力外，化妆师还应具备的能力	5
8	提高观察力和感受力的方法	5
9	化妆师的感受力包括的内容	2
10	化妆师的技术表现能力的内容	3
11	化妆师养成观察的职业习惯的方法	5
12	根本形态和修正形态的定义及对观察和表现的意义	4
13	五官形态形成统一美感的纽带	4
14	眼睛的观察规律及其在化妆中的应用	3

2.全班学生分为6组，每组选出1名负责人，小组负责人带领组员温习本任务所

学内容。此外，小组负责人还负责竞赛抽题并维持组内秩序。

3.竞赛抽题的顺序：第1小组给第2小组抽题，第2小组给第3小组抽题，以此类推，直至第6小组给第1小组抽题。若转到别人答对的题目，则再抽题一次。

任务评价：

1.小组负责人组织组员回答由其他小组抽出的问题，所得分数由老师评定。

2.老师给各小组打分，并统计各小组总得分。

3.老师将各小组按照最终得分的高低进行排名，并根据情况设置活动奖品。

课堂知识竞赛评价表见表2-2。

表2-2 课堂知识竞赛评价表

小组	答题表述流畅情况（10分）	小组成员协作情况（10分）	其他（10分）	合计
第1小组				
第2小组				
第3小组				
第4小组				
第5小组				
第6小组				

任务二 化妆师应掌握的形象设计要素

◎任务目标

知识目标：

1.认识化妆与形象设计的关系；

2.掌握四个基本妆型的特点及表现。

能力目标：

1.能够运用造型语言进行化妆艺术设计实践；

2.能够设计不同风格的妆容及造型。

素养目标：

1.培养良好的审美眼光和对时尚的敏锐度；

2.培养严谨、持之以恒的敬业精神，养成细致、耐心、认真的职业习惯。

知识准备

一、化妆与形象设计

人的面部是整个身体中最引人注意的部分。化妆设计主要是对人物面部进行艺术化创作，是人物形象设计中最具形象特性、最富情感表现的部分。

从整体造型上看，化妆造型设计是形象设计的有机组成部分，它实现面部形象的艺术化再造，在形象设计中具有言情表意的作用。妆容形象与服饰形象、发型形象共同演奏人物形象设计美妙的乐章。

总体而言，化妆设计主要通过以下途径来达到塑造人物形象的目的：

（1）在人物形象的整体艺术风格中去寻求化妆表现的定位，做到风格统一，形式多样，在变化统一的协调中展示个性美。

（2）充分运用点、线、面、体、色等形式语言塑造化妆形象，充分挖掘造型设计的语言表现力，探索并使用新的形式元素，丰富人物形象设计的表现力，优化视觉审美效果。

（3）提高自身文化艺术修养和情感传达能力，培养专业敏感度，能够准确把握设计对象的个性特征、社会身份、审美要求，并有效表达出来。

后面我们将用化妆造型的四个基本妆型来详细分析不同化妆形象的外观特征、形式美感和审美意境以及实现方法。

二、化妆艺术的特征

化妆艺术在形象设计中表现的特征，包括从属性、烘托和渲染、情感暗示、色和光的综合表现等。

1.从属性

化妆有自己独立表现形式及审美效果，但作为人体的局部形象，它从属于整体人物形象设计。化妆的色彩选择、形态构成、图案装饰等，都应与服饰、发型相协调、呼应，共同塑造整体风格。

2.烘托和渲染

化妆从属于整体人物形象塑造，因此在整体设计中，应体现烘托和渲染主题的作用和特性。这种烘托和渲染不仅是视觉上的，它还会产生由视觉到心理的效果。面部是人类情感表达最丰富的地方，化妆时肌肉或五官最细微的一点视觉改变，也会引起不同的情感和心理变化，从而引起整体形象情绪的偏移。优秀的妆面设计能增强整体形象的视觉和情感传达，使化妆与人物形象相映生辉；平庸的妆面则会减弱这种传达，破坏整体氛围和美感。

3.知觉性和象征性

人的知觉是产生妆容冷暖及其他联想的基础。它是由色彩等形式语言塑造而产生的一种审美心理。另外，有些妆容因为在某个时期、某个地区被大量使用，当现代设计师再使用该色彩倾向的妆容设计时，容易使人产生对那个时代的联想，如中国的唐妆、英国维多利亚时期的宫廷妆等。

4.情感暗示

化妆师在描绘对象的面部调整结构，增加颜色，形成“面具”。这个“面具”在一定程度上重新塑造了对象的个性气质以及情感。根据对象要求、化妆师设计意图或表现能力的不同，有的妆面与对象本质相契合，有的则改变对象的本来面貌，直接影响对象的情感传达。因此，这种情感传达不是直接、真实产生的，它具有暗示性，通过设计师描绘出眉峰的高低、嘴唇的张弛、眼窝的深浅、色彩的浓淡，潜在而隐晦地表达出其情绪的高涨、低落、紧张、放松等。

5.风格化表现

相对于其他视觉艺术门类来说，化妆的风格划分比较单纯，主要是根据妆面的视觉效果进行感性的风格划分。化妆师利用色彩、辅助材料等综合创造出人物面部形象，我们可以根据色彩和材料构成关系来设计或判断他的风格倾向。无论是生活妆，还是表演妆、艺术妆，都可以归纳入或优雅，或艳丽，或活泼等不同的感性风格当中。

6.色和光的综合表现

化妆就是通过色彩和光线造型的设计艺术。在一般化妆中，任何一种面部造型，都必须通过色和光才能显现。这既是特征，也是手段。

三、化妆艺术的形式语言

古代化妆术主要采用在不同部位涂抹形状各异的色彩，点贴花瓣、色纸等装饰物的方式。随着现代技术的发展，用于化妆的色彩层次较古代有极大的丰富，面部附加的装饰材料也更加多样，如纤维制品、金属、珠宝、羽毛等，都为化妆艺术增加了无比丰富的表现力。但是归根到底，这些装饰手法都可以归结到形式语言的范围。尤其是从设计师角度，色粉、胭脂及其他附加材料等简化为单纯的视觉语言，在面部进行构成的设计，才能利用材料而又不受其控制，进行更专业有效的创作和表现。

与头发、身体等相比，人的面部本身就有极强的表现力。因此，面部装扮的自由度相对较小，在形式语言的选择上也较单调。我们从以下几个方面予以说明：

1.点

我们知道，点相对面存在。在人的面部，点包含三种基本形式：固有点（眼、鼻、唇、腮等），它们是造型设计的基础和原点；再造点，即对基础点进行修饰造型；附加点，即在面部运用材料任意装饰的点。点的三种形式构成不同的层次，丰富面部化妆艺术的表现方式和形式变化，并赋予人物形象审美意蕴和内涵。在具体运用时可以从以下几个方面进行考虑：

（1）分析、利用固有点在面部构成的关系。

（2）再造点的装饰，即运用色彩对眼、鼻、唇及腮等部位进行形状和色彩的装饰性造型，扩大、缩小、减短、加长；变换色相、明度、纯度等，形成面部点有机的色彩搭配关系；对固有点进行质感装饰，形成不同质感的对比关系。

（3）附加点的装饰。附加点装饰是根据形象及化妆造型设计需要而进行的面部装饰纹样。例如，我国古代的花钿、现代的金属、塑料等，相对上述两种点构成而言，这种点更自由，更具有创造性，但是需要注意，附加点的合理使用必须满足两个前提：其一，符合面部构成关系；其二，不能消极影响固有点的表现。也就是说，附加点的使用应当服从于面部及整体形象关系，为塑造整体美感服务，产生画龙点睛的美学效果。在技法处理上，可以进行渲染、退晕、勾勒、粘贴、喷刷、盖印等各种方式形成点的美化。在整体设计上，化妆师可以根据设计意图，突出或弱化某些点的形象。

2.线

在化妆造型设计中，线能够修饰美化面部及五官的形状，调整和改变人的局部及整体形象。线的不同形态，可以产生不同的视觉和心理效果。如直线具有锐利、简洁和庄重感；曲线含有优雅、轻盈、丰满、柔媚的韵味；不同宽度、长度的线的组合排列在妆面上可以产生远近感，虚实感；线的方向变化，可产生立体感、节奏感和韵律感。

线在化妆设计中的运用可以从以下几方面进行：

（1）化妆造型中的线有结构线和装饰线之分。结构线是指面部骨骼、肌肉等自然生理构造形成的轮廓线和交界线。在面部化妆中，也叫造型线，包括五官轮廓线，眉型线和面的转折形成的明暗交界线等。装饰线是除造型线外，能融于整体造型并对妆容产生装饰作用的线，它具有特殊的造型意义。

（2）线可以利用化妆技法，与点、面结合，直接或间接地表现。例如，用于面颊的腮红，当我们关注其位置时，它反映出点的特征；当我们根据面部颧骨和脸颊肌肉的走向去关注时，就体现出线的特征。

（3）在强调艺术性、创造性的妆面造型设计上，还可以运用各种形态的线进行特殊造型，构成装饰性的图案，表达特殊的审美意境和审美情感。

（4）借助面部以外的线来辅助妆面造型。例如，发型中的内轮廓线会对面部产生自然的修饰作用；耳环、项链、衣领等都具有修饰面部的作用。

四、化妆艺术的类型

化妆艺术根据不同的划分标准有不同的类型体现。按使用时间分，有日妆、晚妆及季节妆。按用途分，有新娘妆、晚宴妆、摄影妆、广告妆、舞台妆等。按时代分，有古代妆、现代妆、未来妆等。按国家和地区分，有古埃及妆、日本妆、印度妆、欧美妆、中国妆等。无论哪种化妆类型，在实际使用时，都必须与整体形象设计一起，遵循TPO原则。

在此，我们着重了解由不同冷暖、明度、纯度的色彩关系决定的四个基本妆型：冷妆、暖妆、浓妆、淡妆。它们是妆面的基础造型，在实际创作中，化妆师可以根据这四种妆型交叉演变出各种不同效果的化妆风格。

1.冷妆

冷妆就是冷色调的妆容，主要运用色相环中的冷色系列，如蓝、紫、青等，视觉色彩上冷感的联想，是冷妆建立的心理特征，冷妆按其表现形式可分为浅淡型冷妆和浓重型冷妆两类基本形式。当使用浅淡型冷妆时，妆容及整体人物形象的审美效果就会显得清丽、素雅、淡定；当应用浓重型冷妆时，妆容的审美效果就会凝重、冷艳。积极的冷妆会给人神秘的美感；消极的冷妆则会使人感到低沉、病态。冷妆在形象设计中还具有协调和对比的意义及审美作用。

与冷妆相连接的形容词有含蓄、理智、凝重、冷峻、冷艳、神秘、魔幻及前卫等。

2.暖妆

暖妆是指给人视觉上温暖感受的妆容。暖妆所用的主要颜色为色相环中的暖色系列，如红色与黄色，以及这两色之间所调和的其他暖调颜色，如朱红、橙红、紫红等。暖妆是生活妆与艺术化妆常用的基础妆容，比冷妆应用范围更广，它具有柔和型和浓艳型两种基本表现形式。当运用浓重的暖色调进行暖妆设计时，妆容及整体人物形象设计就会显得浓烈而艳丽夺目，具有极强的视觉冲击力；当使用浅淡柔和的暖妆塑造人物形象时，就会形成细腻、柔和的形象外观。另外，暖妆还使人体现出健康活力，积极向上。

与暖妆相关联的形容词有辉煌、富丽、娇艳、明媚、奔腾、灿烂、兴奋、青春、亲切等。

无论是冷妆还是暖妆，在实际运用中，都应注意以下问题：

（1）多层次色彩的综合使用。我们说的冷妆、暖妆，都是针对主调而言。妆面设计需要做到在主色调的统率下，色彩对比丰富，变化层次分明。

（2）浓淡变化能够造成妆容的风格变化。化妆的浅淡与浓重是由色彩的明度、纯度，以及涂抹化妆品的多少、厚薄决定的。如浅淡冷妆显得薄透，给人一种自然、清丽的审美感受；浓重冷妆显得戏剧化，给人一种刻意粉饰的效果。

（3）冷、暖调妆面若能与无彩色搭配，会产生无穷的魅力。如与白色搭配能使人物形象显得更加清纯亮丽，与黑色组合则会使人物形象成熟、收敛，甚至罩上一层神秘的面纱。

3.淡妆

淡妆，顾名思义就是浅淡的妆容。它用色浅淡柔和，色彩对比不强。是一种强调自然的妆容表现形式。淡妆由于色调的冷暖关系，可以分为暖色或偏暖的淡妆、冷色或偏冷色的淡妆、中性色淡妆等。淡妆能使人物形象生活化，产生自然的美感；同时，淡妆也能使人物形象艺术化，形成含蓄、清丽、雅致的形象美感。尤其是淡妆中创新的表现形式和化妆技法的运用，更能塑造出具有各种美感的淡妆艺术表现形式。

与淡妆相关联的形容词有自然、本色、清新、含蓄、雅致、淡雅等。

淡妆具有以下特征：

（1）强调人物的自然属性。淡妆将人工修饰巧妙地融合于人的自然容貌中，无须过多粉饰，或者至少在视觉上不能出现过多粉饰的痕迹，仅仅表现面部本来的质感和结构。淡妆对基础粉底色调的选择使用应接近人的自然肤色。如有特别用法，也应调试自然，使其适应整体色调和设计风格，如偏灰的粉底，其眉毛、眼影、唇红都应在本色基础上略加调和性修饰，从而形成能美化又显清新自然的形态。除了色彩表现自然，淡妆还应当造型设计自然、装饰应用自然，形象设计师应当积极思考如何丰富淡妆的表现形式，从而创造更多的具有淡妆美感的形象。

（2）具有浅透、淡薄的视觉特征。这属于淡妆造型表象的视觉特征。妆面的浅淡是由色彩的明度、纯度决定的，薄透则应是化妆技法的表现，通常色彩的明度越高，妆容的透薄感越强烈。这也是增强淡妆自然效果的有效方式。

（3）注重局部修饰的特征。为强调形象的自然，可以适当对面容进行局部修饰。例如，弥补肤色、肤质的瑕疵，突出眼睛的神采，调整唇部形状等，最大化保持妆容的自然本色。

（4）淡妆的用色应以反映出人的肤色美，肤质美为标准。其色彩主要包括粉底色、眼影色、唇色等，以中高明度为主。它既要满足人物形象风格形成的需要，又要足以修饰人的面容，塑造出自然美的形象，从体现健康、活力的角度，应选择偏红的暖色调；从妆容嫩、雅、鲜的角度，应用粉色调；从塑造含蓄美的角度，则可以使用偏灰的色调。

总而言之，淡妆创作中应始终把握“自然”的特色。在化妆设计中，应根据表现风格，搭配其他局部设计，使清新自然的妆面起到良好的衬托或主体修饰作用。

4.浓妆

浓妆，即浓重的妆容，是相对淡妆而言的一种妆容形态。它体现化妆用色的特征，具有较强的风格指向，通常用色浓重、艳丽、装饰感强，对比鲜明，强调强烈的色彩感觉及塑型效果，尤其注重面部及五官结构的表现，使形象具有轮廓感、结构感；同时，五官的形态在色彩的作用下产生形态的视觉变化，重新组合成一种新的主题形态。由于浓妆对面部的装饰效果极强，基本脱离人们自然的面容，所以也可以认为，浓妆是一种艺术化妆，所装饰的形象具有特定的审美意义。

与浓妆相关联的形容词有浓艳、凝重、热烈、夸张、张扬、夺目等。

浓妆在艳丽中释放狂放、奢靡的个性魅力，张扬色彩和情感乐章。具有某种象征和意味，它的风格会伴随着服装发型及饰品在整体形象中升腾而成。在实际运用中，冷色调与暖色调都可以形成浓重的妆面效果。

浓妆一般具有以下特征：

（1）装饰性。就浓妆的本质意义及审美效果而言，它是运用装饰的手法再造人的艺术形象，突出艺术美，是对人物形象刻意的描绘，是高于生活的审美理想的艺术表现形式。在化妆造型中，浓妆运用多种手段产生装饰效果，如用色彩形成对比，用明暗层次形成结构装饰，用纹样产生点缀效果等。

（2）强调面部结构。浓妆使妆面的轮廓和结构更加鲜明和富有个性，并起到扬长避短、在矫形中美化面部的作用。修饰作用主要是依靠色彩的冷暖、浓淡、深浅形成的明暗效果、前进感和后退感、收缩感和扩张感等方法，以及娴熟的化妆技艺达到。

（3）艺术化效果。浓妆以面部生理结构为基础但又不限表现真实结构，而是源于生活，高于生活，是理想化、艺术化的化妆人物形象。它富于艺术表现和形式美感，并显示人物形象鲜明的艺术倾向。一款好的浓妆妆容就是一幅人物形象的艺术作品，体现出如绘画、雕塑一般的感染力。

（4）特定场合使用。浓妆与淡妆不同，不宜于人们在日常生活及自然光线中使用，而适合于舞台、酒吧等特定场所和特殊光线环境，归根到底，浓妆是一种人工痕迹显著的妆容，它回避人的本质自然特征，以艺术的方式重新塑造了人物形象，传达出与淡妆截然不同的视觉魅力。

任务实施

课堂知识竞赛

任务要求：

1.老师根据表2-3中的知识点（也可适当增加本任务的其他知识点）对应的题号及分值，进行一次课堂知识竞赛。

表2-3　课堂知识竞赛内容

题号	知识点	分值（50分）
1	化妆艺术的特征	5
2	化妆艺术的基本妆型	5
3	淡妆表现人的自然属性的方法	5
4	舞台表演妆的妆型及特色	3
5	浓妆的特性	3
6	与暖妆相关联的形容词	4
7	与冷妆相关联的形容词	5
8	在人的面部化妆中，点的运用包含的三种基本形式	5
9	线在化妆设计中的运用及表现方法	5
10	化妆设计应遵循的TPO原则	5
11	化妆设计塑造人物形象的途径	5

2.全班学生分为6组，每组选出1名负责人，小组负责人带领组员温习本任务所学内容。此外，小组负责人还负责竞赛抽题并维持组内秩序。

3.竞赛抽题的顺序：第1小组给第2小组抽题，第2小组给第3小组抽题，以此类推，直至第6小组给第1小组抽题。若转到别人答对的题目，则再抽题一次。

任务评价：

1.小组负责人组织组员回答由其他小组抽出的问题，所得分数由老师评定。

2.老师给各小组打分，并统计各小组总得分。

3.老师将各小组按照最终得分的高低进行排名，并根据情况设置活动奖品。

课堂知识竞赛评价表见表2-4。

表2-4　课堂知识竞赛评价表

小组	答题表述流畅情况（10分）	小组成员协作情况（10分）	其他（10分）	合计
第1小组				
第2小组				
第3小组				
第4小组				
第5小组				
第6小组				

德技兼修

化妆师的职业道德

越优秀的人越努力，从一名普通的化妆学员到成为一名专业的化妆师也是需要付出许多努力的，除了技术方面要比较成熟外，专业化妆师还比较注重自身的职业道德。那么作为化妆师到底应该遵守哪些道德呢？

化妆师作为时尚前沿的代表以及美好事物的缔造者，自身的形象是不可忽视的一部分，也可以这么说，你越有品位，顾客就会越相信你，但是初次见面，怎样让顾客对你有好感，首先就得从形象说起。

第一，着装得体大方，搭配时尚又方便工作，最重要的是干净，不要有污渍或异味，不要穿高跟鞋。

第二，妆容清新淡雅，切记不要浓妆艳抹，更不要怪异夸张。

第三，发型整洁美观，既要考虑自身的个性与脸型，又要体现职业特点。若是长发在工作时一定要束发。

第四，化妆师的双手是不可避免要与顾客多次接触的，因此化妆师还要注重手部清洁与护理，不要留过长的指甲，不要涂太过艳丽的指甲油，不要佩戴戒指。

第五，语言的魅力不仅能够让你的顾客对你产生兴趣，更能为你赢得更多的客户，在化妆过程中与顾客谈话，善于察言观色，把握客户心理，迎合客户兴趣，在交谈中建立友好的关系。

其次，化妆师在工作中不该存在以下举止：一是在顾客面前咳嗽；二是当着顾客的面抽烟、嚼口香糖；三是与顾客谈论私事，探听顾客隐私；四是批评或抨击他人手艺；五是背后论人长短，讥笑他人。

最后，化妆师需要注意个人卫生，除了手部、头发、衣物的整洁干净外，还要注意自己的口腔卫生，保持口腔清洁，切勿出现口腔异味，可以在沐浴时，选择淡淡的清新香水。

专业化妆师技艺超群，在小细节的处理上也是非常用心，细节决定成败，尤其是你在近距离与客户接触时，更要注重这些问题，相信用心的人总能收到好的回报！

资料来源　兰州瑞丽阳光化妆学校. 专业化妆师除了成熟的技能，还要有一丝不苟的职业道德［EB/OL］.［2020-03-27］. https://baijiahao.baidu.com/s? id=1662308991939223925&wfr=spider&for=pc.

思政元素：职业道德　精益求精

思政感悟：党的二十大报告指出，“实施公民道德建设工程，弘扬中华传统美德，加强家庭家教家风建设，加强和改进未成年人思想道德建设，推动明大德、守公德、严私德，提高人民道德水准和文明素养”。职业道德是指从业人员在职业活动中应当遵循的道德，它是整个社会道德的主要内容。职业道德一方面体现了一个从业人员对待职业和生活的态度，另一方面也是一个行业全体人员的行为表现。如果每个行业都能够具备优良的职业道德，那么整个社会的道德水平也会提高。

学习效果综合测评

一、填空题

1. 化妆，是一门造型艺术。如果对其内容进行高度概括，核心的内容有两个方面：（　　）和（　　）。

2. 化妆师应当具备的职业能力有两个重要的方面：一是敏锐的（　　）和感受能

力；二是熟练的（　　）。

3.判断一个人的相貌特征，要从以下三方面来进行观察和分析：（　　）、缺点和（　　）。

4.充分发掘一个人独特的（　　），应当成为每一位专业化妆师努力追求的一个目标。

5.人的性格特征体现在（　　）与（　　）的统一和对立之中。

二、问答题

1.化妆的两个核心内容是什么？

2.化妆师应当具备的理念是什么？

3.一个妆面提倡形神兼备，那么“神”的方面都有哪些内容？

4.如何让被化妆者配合妆面表现出更强烈的性格和气质特征？

5.开始化妆前如何明确将要表现的妆面特点？

6.如何理解美感是建立在健康的形态基础上？

7.举例说明生理结构的合理和形态表现上的适度是人形体美感产生的根源。

8.在化妆中性格主要表现在哪两个方面？

9.简述化妆师应当具备的能力。

10.怎样提高自己的观察力和感受力？

11.化妆师的感受力包括哪些方面？

12.化妆师的技术表现能力包括哪两个方面？

13.化妆师如何养成观察人的职业习惯？

14.什么是根本形态和修正形态？它们对观察和表现的意义分别是什么？

15.五官形态形成统一美感的纽带是什么？

16.眼睛的观察规律是什么？如何利用这个规律进行化妆？

17.化妆艺术具有哪些特征？

18.化妆艺术有哪几种基本妆型？

19.淡妆怎样表现人的自然属性？

20.舞台表演妆属于哪种妆型？有何特色？

21.结合实例分析浓妆的特性。

22.与暖妆相关联的形容词有哪些？

23.与冷妆相关联的形容词有哪些？

24.在人的面部化妆中，点的运用包含哪三种基本形式？

25.线在化妆设计中的运用有哪些表现方法？

26.简述化妆设计应遵循的TPO原则。

27.简述化妆设计塑造人物形象的主要途径。

3

项目三　化妆与头面部的基本形态

人的头面部不是一个平面，而是一个近似圆球的立体形，化妆主要是在人体头面部的客观条件的基础上实施的技巧。化妆师要想塑造出理想的妆容，少不了要对人物头面部的基本形态进行认真研究。化妆师只有了解面部各部位的名称及有关知识，做到心中有数、有的放矢，才能达到预期的化妆效果。本项目主要讲述头面部骨骼结构、面部肌肉组织结构、面部标准脸型与五官比例等。

任务一 化妆与头面部的结构

◎ **任务目标**

知识目标：

1. 掌握头面部的骨骼结构及其与化妆的关系；
2. 掌握头面部肌肉的生理结构及其与化妆的关系。

能力目标：

1. 能够准确把握面部各个部位的准确位置与细小的变化；
2. 能够熟练打造骨骼妆；
3. 从设计到操作的实际工作过程，具有独立的造型能力。

素养目标：

1. 培养良好的审美眼光和对时尚的敏锐度；
2. 具有坚持创新和吃苦耐劳的精神，树立“以人为本的服务意识”。

知识准备

一、头部的“型”与面部的“型”

化妆的目的之一就是利用化妆手段，调整头面部形体特征，从而增强立体感。因此，化妆前我们首先要了解头部及面部的基本形态特征。

（一）头部的“型”

由于人的种族的不同，头颅大致可分为两大类：长头颅（如图3-1所示）和圆头颅（如图3-2所示）。白色人种、红色人种及黑色人种属于长头颅，长头颅的人种面部比较鼓突、立体。黄色人种属于圆头颅，圆头颅的人种面部较圆润、扁平。在化妆造型中，可以发挥不同头颅类型的优势，以弥补弱势。

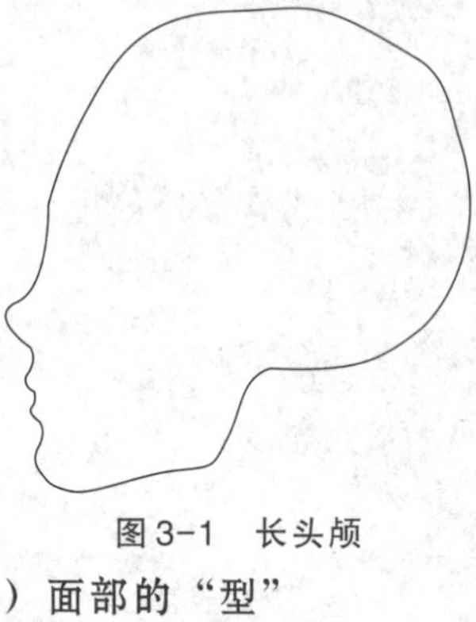

图3-1　长头颅

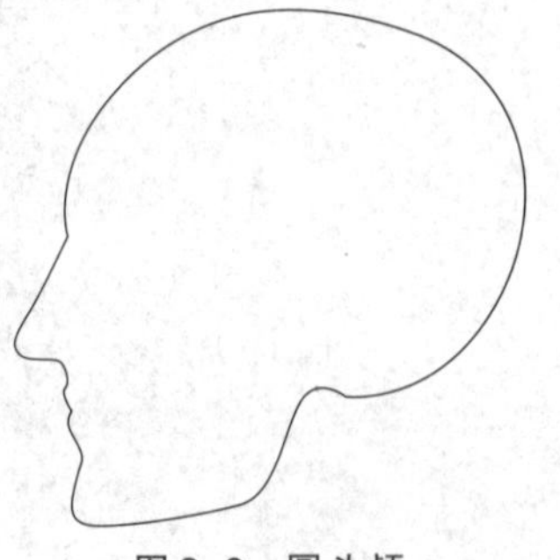

图3-2　圆头颅

（二）面部的“型”

我们可将头部视为一个存在于空间的长方体，面部则是其中的三个面。面部是有转折变化的，由两眉峰分别向下做一垂线，这两条线称为轮廓线。两条轮廓线之间的面为内轮廓，内轮廓以外的面称为外轮廓（如图3-3所示）。认识了面部的转折关系，就可以利用色彩的色性，将圆润、扁平的面部塑造成圆润与立体相结合的面型。

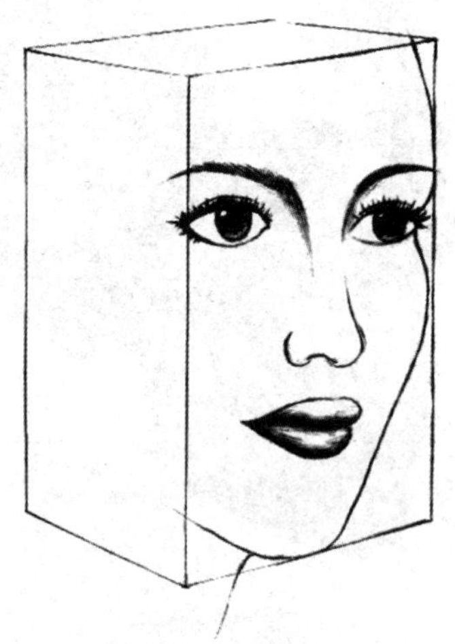

图3-3　面部的“型”

二、面部解剖

面部解剖是化妆师必须掌握的知识。化妆师只有了解面部的结构特点，才能在塑造人物形象时有深刻的理解和把握。

（一）头部的骨骼

头部的形体结构是非常复杂的。除了有五官起伏、凹凸变化和头颅形状的变化之外，在五官结构和头颅结构中，人的种族、民族、性别、年龄及个体特征都有一定的反映。因为人的生理结构基本相同，了解人的一般性结构，对分析、理解头部立体空间的概念，理解头部造型的基本特征很有用处，可以在化妆中起到举一反三的作用。

头部骨骼是化妆造型的基础所在。为了更自主、更有效地化妆装饰脸部和头部，我们有必要对这些部位的内部结构和外部形态有一个比较详尽的了解。

头部骨骼（如图3-4所示）分为脑颅与面颅两大部分。

1.脑颅

眉骨以上、耳以后整个部分称为脑颅。脑颅包括一块额骨、一块枕骨、一块筛骨、一对颞骨、一对蝶骨、一对顶骨。这六组骨骼对化妆有直接影响。

（1）额骨：也称前额骨，在头颅部，凹凸较明显，包括：

①额丘：左右各一，呈圆丘状隆起。

②眉弓：位于额丘下面，眶上缘的内半部，男性年龄越大眉弓越明显。

③眶上：位于额丘下面向左右与颧骨的额蝶突相接形成一个眶外缘，随年龄增长更显突出。

④额沟：位于额丘与眉弓之间的浅沟，往往是面部较深的皱纹所在之处。

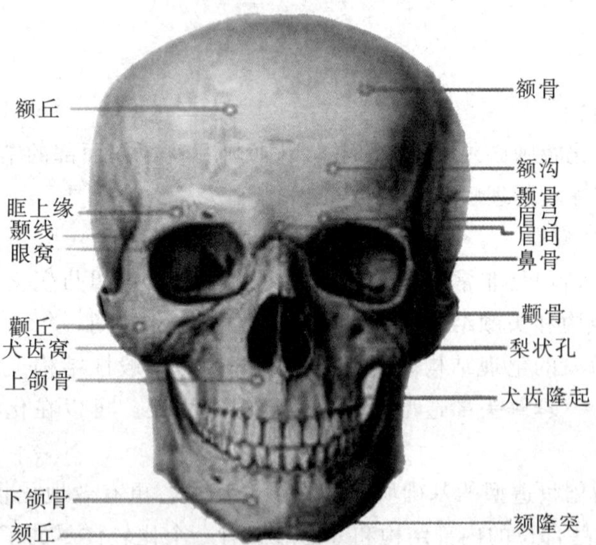

图3-4　头部骨骼

图片来源　根据百度图片整理.

⑤眉间：在两眉弓之间的一个小的似金字塔形的平面。

⑥颞线：是额骨与顶骨颞骨的连线，位于颞窝（太阳穴）的边缘。此线随着年龄增长而明显。

（2）顶骨：位于颅顶中线两侧，左右各一，形成脑颅的圆顶，包括：

①顶结节：在顶骨的中央，微隆起，是方头、长头的标志。

②颞线：在头顶两侧，前接额骨的预线。

（3）枕骨：位于头的后部，呈勺状，构成颅底。

（4）颞骨：左右各一，位于颅的两侧，其前方与蝶骨额骨相接成为太阳穴，在耳孔前有一颧突与颗骨上的顾突相连成为额弓。

（5）蝶骨：位于颅的中部、枕骨前方，形似蝴蝶，与脑颅各骨均有连接。

（6）筛骨：位于蝶骨的前方，额骨下方和左右两眼之间，为含气的海绵状轻骨。

2.面颅

面颅位于头的前下方，为眉以下、耳以前的部分，具有维持面形、保护感觉器官（如口、眼、鼻等）的作用。面颅包括两块上颌骨、两块鼻骨、两块颧骨、一块下颌骨。

（1）上颌骨：位于面部中央，上端与鼻骨相连，下端缝合，形成鼻部软骨所在的梨状孔，孔的下方就是上齿槽。齿槽略靠上处有犬隆突与犬齿窝，随着年龄增长或因身体瘦弱而显露。

（2）鼻骨：位于额骨眉骨下缘，两上颌骨的额突中间，左右各一，各成不等边四边形，倾斜缝合成鼻梁硬部，下接软骨成鼻骨，鼻骨大者鼻根高，鼻骨小的鼻根低。

（3）颧骨：在面部两侧，左右各一，为不规则的菱形，形成两侧突出的面颊。颧骨有几个明显的部位。

①额蝶突：与额骨、蝶骨相连形成颞窝的前下边缘。

②颞突：与颞骨的颧突相连成颧弓。

③颧结节：为颧骨中央隆起的部分，也称颧丘，在面部左右外侧，比较显著突出。因人种不同而各有差异。

（4）下颌骨：是一块与面颅分离的骨骼，在面部的正前下方是马蹄形中央部分，称下颌体，下颌体的下缘叫下颌底，两边向上突出的部分为角下颌支，正中的下颌体部分也叫下巴颏。

①颏结节：在颏隆起的基底两边，稍隆突。男性较显著，颏部呈方形。女性较小，呈卵形。

②下颌角：是下颌体转为下颏的转角处，俗称腮帮子的部位。其角度大小、宽窄直接影响整个面部的形象。

（二）头面部的轮廓

脸部的轮廓会受额头、眉骨、太阳穴颧骨、下颚等部位的影响，形成不同的脸型。

额头形状由前头骨的形状与头发发际决定。同时，额头的宽窄度、凹凸度也会影响人的外貌。

下颚骨是决定全脸的均衡度和脸下半部轮廓的重要因素。比如下颚消瘦，会给人以纤细、瘦弱、高雅的感觉；下颚带棱角，则给人以意志坚强、充满活力的感觉。

（三）骨骼与化妆的关系

1.修饰与塑造形象的生理依据

骨骼是人面部结构美的基本构架，面部骨骼的凹凸起伏形成了面部丰富的立体变化。这些骨骼被肌肉和皮肤覆盖，在光照下形成面部阴影和亮部，形成了立体结构。化妆必须遵循面部骨骼的真实生理结构，并以此为基础，进行真实可信的结构调整，对面部进行矫形或者塑造形象。

（1）依据骨骼的凹凸原理，通过不同深浅的底色塑造完美的立体结构。在化妆中表现结构的凹凸层次脸部立体感时，要特别注意层次强弱起伏的刻画，这样才能塑造一张生动立体的脸庞。

（2）根据骨骼的结构，运用绘画的手段主要通过素描原理对面部不够理想的立体感进行矫正。如修饰肿眼睛时在肿眼皮上运用一些相对较深的颜色做处理，并提亮眶上缘、眼下方等其周围凸出的骨骼，使眼睛在视觉上有后退的效果。通过基本结构的调整，加上五官的修饰，有些难题就迎刃而解了。

2.塑造形象特征的依据

很多人说绘画是在纸上进行创作，而化妆是在脸上进行绘画。不同的是前者是从无到有，而后者是在一定基础上进行矫正与创作。这个基础就是面部的骨骼与肌肉和皮肤所组成的立体感。骨骼结构影响着人的种族特征、民族特征、性别特征、年龄特征及个体特征等。例如，人从出生到衰老面部骨骼的变化可以大致分为三个阶段：儿童阶段、青年阶段和老年阶段。在塑造形象中无论是把青年改变成少年，还是将青年改变成老年，首先依据的是面部骨骼在不同年龄阶段的形态呈现。

我们在塑造这些不同的人物特征时都应以骨骼凹凸原理为出发点找到造型的依据。

（四）骨骼妆的基本技法

化妆技术中最基础的训练是骨骼妆。化骨骼妆的目的是掌握面部骨骼结构以及它们的形态，为矫正和塑造形象打下基础。

（1）用化妆笔蘸深棕色油彩或底色勾勒出脸部主要骨骼的位置。在无法用眼睛准确识别骨骼的结构位置时，可用手指轻按其轮廓，再用笔勾勒结构线。这一步要画出各骨骼的比例、位置、形状、结构转折关系。

（2）用深棕色的油彩或底色画出骨骼中的凹陷部位，注意灵活运用绘画的化妆技法，表现强弱、深浅、转折与起伏。

（3）调出骨面颜色在额骨、上颌骨、下颌骨处薄涂。使头骨的形比较完整。

（4）将骨骼中突起的骨点用浅色提亮，但一定要注意节奏与层次，切忌直接使用白色。要考虑骨骼突起部位的高低之分，把握好分寸尺度。

（5）注意亮色、阴影色、中间色调之间的衔接。

（6）牙齿的表现，牙齿的颜色最白，牙齿要一一点画出来。

即学即练 3-1

老师先示范骨骼妆，然后安排学生两两互相练习，学生遇到问题可以向老师请教。学生将完成的效果拍照，并记录练习中遗漏的要点、遇到的问题和解决方案等。

三、头面部肌肉

人体的肌肉覆盖于骨之外，大多数是两头附着于骨骼。它们都是随着意识支配，因此叫随意肌。唯有面部肌肉大多数是一头附着在骨骼或腱膜、筋膜上，另一头则是附着于皮肤。它们虽然也可以受意识支配，但更主要的是在情绪的影响下专管传达面部细致而又复杂的感情。

（一）头面部肌肉的生理结构

头肌可分为面肌（也称表情肌）和咀嚼肌两类。面肌在不同的情绪影响下，牵动皮肤，就会产生细致复杂的面部表情，故又称表情肌（如图3-5所示）。咀嚼肌分布在下颌关节周围，运动下颌关节，产生咀嚼运动，并协助说话。

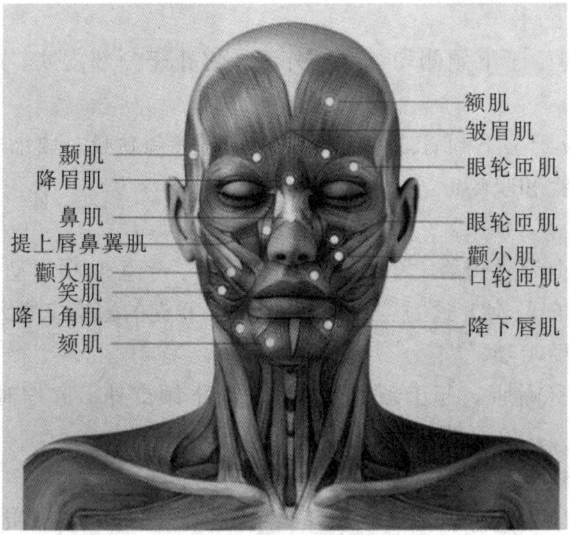

图 3-5　面部肌肉

图片来源　佚名. 面部解剖学知识［EB/OL］.［2020-05-08］. https://www.jianshu.com/p/79372e2dbc76.

1. 表情肌

表情肌属于皮肌，分布于额、眼、鼻、口周围，起始于颅骨，止于面部皮肤。收缩时使面部皮肤形成许多不同的皱褶与凹凸，赋予面部以各种表情，如喜、怒、哀、乐等，并参与语言和咀嚼等活动。表情肌主要有下列几种：

（1）额肌：起始于眉部皮肤，终止于帽状腱膜。收缩时可提眉，并使额部出现横向的皱纹。

（2）皱眉肌：起始于额骨，终止于眉中部和内侧皮肤，可牵眉向内下方，使眉间皮肤形成皱褶。

（3）降眉肌：也称三棱鼻肌，起始于鼻骨上端，向上连接眉头的皮肤，可加强皱眉肌所形成的表情。

（4）眼轮匝肌：位于眼裂和眼眶周围，为扁椭圆形环状肌肉。收缩时可闭眼或眨眼，使眼外侧出现皱纹。

（5）鼻肌：为几块扁平的小肌肉，收缩时可扩大或缩小鼻孔，并产生鼻背纵向小皱纹。

（6）上唇方肌：起自内眼角、眶下缘和颧骨，终止于上唇和鼻唇沟部皮肤。收缩时可提上唇，加深鼻沟。

（7）额肌：起始于额骨，终止于嘴角。

（8）笑肌：薄而窄的肌肉。起于耳孔下咬肌的肌膜，横向附着于嘴角的皮肤上。收缩时，牵引嘴角向外。

（9）口轮匝肌：呈环形围绕口裂。内围为红唇部分，收缩时嘴唇轻闭或紧闭。外围收缩时，使嘴唇突起。

（10）降口角肌：呈三角形，位于下唇外方，覆盖下唇方肌，附着于嘴角皮肤。收缩时，牵引嘴角向下。

（11）下唇方肌：属于深层肌肉，起始于下颌骨下缘，终止于口角皮肤。收缩时，向下向外牵引下唇。

（12）颏肌：起始于下颌侧切牙牙槽外面，终止于颏部皮肤。收缩时，可上提部皮肤并使上唇前凸。

（13）颊肌：位于上下颌骨之间，紧贴口腔侧壁颊黏膜。收缩时使口唇、颊黏膜紧贴牙齿，帮助吸吮和咀嚼。

2.咀嚼肌

咀嚼肌附着于上颌骨边缘、下颌角旁的骨面上，产生咀嚼运动，并协助说话。

（1）颞肌：起自颞窝，通过颧弓深面，止于下支的冠突。收缩时，将下颌骨提起，紧闭口部，帮助咀嚼。

（2）咬肌：也称嚼肌。起于颧弓下缘，止于下颌支外。收缩时，可上提下颌骨，因而紧扣颌骨，用力压在牙齿上，使上下牙齿强力咬合。

（二）面部脂肪

脂肪给人脸部以丰腴感，尤其是在颊骨下方的凹陷处的颊部脂肪，会使脸颊呈现丰腴或是瘦削的不同感觉。面部脂肪量多，则显稚气、年轻、天真烂漫、温柔沉稳，年轻女性和儿童多半属于此种类型；面部脂肪量少，则显成熟、野性、冷峻，成熟男性多半属于此种类型。

（三）肌肉与化妆的关系

肌肉附着于骨骼上，在面部的凹陷处尤为丰满，与骨骼一起形成面部不同的形态特征。肌肉的薄厚长势，成为面部丰满或瘦削的主要生理依据。许多面部结构不匀称的人，相当一部分是由于面部肌肉使用不当或不协调造成的。肌肉与骨骼不同，它处于常年的变化之中，受外界因素的影响也较大、如饮食、运动、表情、年龄的增长及健康状况等均会影响肌肉的发展趋势。肌肉的走势也能体现一个人的精神面貌，这就是我们常说的“相随心生”。

面部肌肉的活动就是不断地收缩与扩张，表皮也随之运动。随着年龄的增长，面部肌肉逐渐衰老，并逐渐失去弹性而萎缩下垂。表皮因此会失去依托，这样就会产生皱纹。我们在表现增加年龄感的妆面时，就是根据不同的年龄阶段，肌肉的衰老程度来表现肌肉的下垂程度与走向。

化妆时一定要了解肌肉的走向与产生的表情之间的关系。比如，额肌向下附着在鼻部的上端和两侧以及眶上缘的皮肤，此肌微微吸缩时表达惊愕的表情等；与皱眉肌配合运动时，表达悲哀等情绪。如果生活中一直是保持乐观态度的人，肌肉就会往横向发展；如果生活中经常是悲观的，肌肉就会往纵向发展。我们在塑造不同性格的人物时要考虑性格表情对肌肉走向与形成的影响。

任务实施

骨骼妆实践演练

一、任务准备

1.将学生分成若干组，每组两人，每两组为一队。

2.学生各自完成妆前护肤。

3.学生提前准备好粉底液、遮瑕膏、高光、阴影、定妆粉等化妆产品及工具。

二、任务要求

1.每队中一组进行上底妆训练；另一组做评分员，并承担视频录制任务。

（1）上底妆训练组中，两人轮流做化妆师。

（2）化妆师根据模特的肤质及肤色，选用合适的化妆产品。

（3）化妆师按照涂抹妆前乳→涂抹粉底→勾画骨骼结构→定妆等步骤为模特化妆。

2.两组对调工作。

三、任务评价

1.每队的两组组员按评价表内容互相进行评价。

2.各组学生根据评价表及自身表现分析各自的优缺点，并针对失误之处提出改正方法，填在“个人评价”一栏中。

3.老师选出妆效最佳的一组，根据对应视频中的化妆手法和效果进行点评。

实训任务评价见表3-1。

表3-1　实训任务评价表

实训任务	骨骼妆实践演练				
学生姓名	第（　）队 第（　）组				
要求	评价				备注
	组员1		组员2		
	是	否	是	否	
所选化妆品是否适合模特的肤色及肤质					
化妆工具使用是否正确					
涂抹粉底的方向及明暗结构是否正确					
眉弓结构表现是否正确					
颧弓结构表现是否正确					
鼻骨结构表现是否正确					
牙齿结构表现是否正确					
定妆是否合理					
步骤是否完整、没有遗漏					
个人评价					

任务二 化妆与面部五官的比例关系

◎ 任务目标

知识目标：

1. 熟悉面部的外观特点及各部位名称；
2. 掌握五官的比例关系。

能力目标：

1. 能准确把握面部各个部位的准确位置与细小的变化；
2. 能准确判断模特的脸型与五官的比例关系。

素养目标：

1. 具有良好的人文科学素质和一定的美学修养；
2. 培养良好的审美眼光和对时尚的敏锐度。

知识准备

一、面部外观

面部的器官如眉、眼、鼻、口和耳，总称为五官，这些器官都有其复杂的外形，因此描绘头面部的形象时，除应该抓住颅部的整体结构之外，对五官的外形结构也需要有所认识（如图3-6所示）。

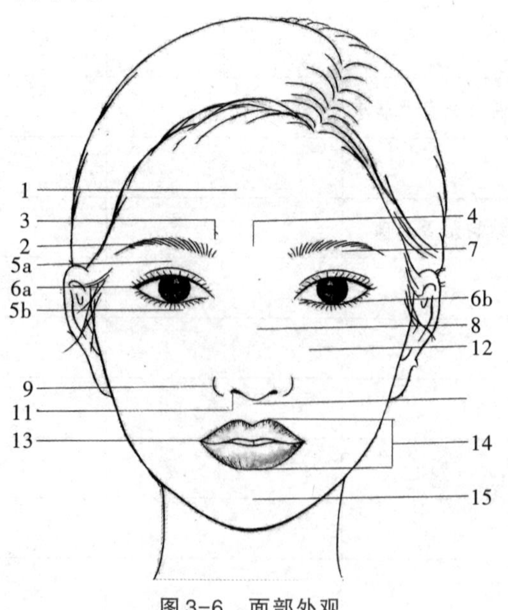

图3-6 面部外观

（1）额：眉毛至发际线的位置。

（2）眉棱：生长眉毛的鼓突部位。

（3）眉毛：位于眶上缘的一束弧形的短毛。

（4）眉心：两眉之间的部位。

（5）眼睑：环绕眼睛周围的皮肤组织，其边缘长有睫毛，俗称“眼皮”。眼睑分为上眼睑（5a）、下眼睑（5b）。

（6）眼角：亦称眼眦。眼角分为内眼角（6a）、外眼角（6b）。

（7）眼眶：眼皮的外缘所构成的眶。

（8）鼻梁：鼻子隆起的部位，最上部称鼻根，最下部称鼻尖。

（9）鼻翼：鼻尖两旁的部位。

（10）鼻唇沟：鼻翼两旁凹陷下去的部位。

（11）鼻孔：鼻腔的通道。

（12）面颊：位于脸的两侧，从眼到下颌的部位。

（13）唇：口周围的肌肉组织，通称嘴唇。

（14）颌：构成口腔上部和下部的骨头和肌肉组织，上部称上颌，下部称下颌。

（15）颏：位于唇下，脸的最下部分，俗称下巴颏儿。

二、面部五官整体的比例关系

在化妆造型中，观察能力是化妆师必备的素质之一。观察什么？首先要观察面部五官整体，这是化好妆容的关键。掌握好面部五官的比例、轮廓与线条，从而通过化妆手法来适度修饰和美化人物面部。

人的面部不仅拥有形式美的基本要素，而且还具有形式美最精确的比例。面部轮廓，以左、右鬓角发际线间距为宽，以额头发际线到下巴尖的间距为长，构成一个黄金矩形。黄金矩形是指宽与长之比等于或近似等于0.618的长方形。比例恰当、左右基本对称的面部才让人觉得漂亮。而鼻子是面部的中心，它上承额部，下接口唇，对五官的和谐起着重要作用。面部的线条美和立体感都以鼻部为中轴线，鼻子将面部平衡对称统一在其两侧。从侧面看，鼻部的轮廓线从鼻根至上唇占有面部的两个“S”形曲线，这种美丽柔和的线条正是容貌美的要素。

人的体貌特征千差万别，特别是不同年龄、不同性别、不同人种的整体比例都很难有统一标准。人的五官位置和形态特征各有差异，当前美学家用黄金面容分割法分析标准的面部五官比例关系，一般以“三庭五眼”为标准（如图3-7所示）。“三庭五眼”是对脸型精辟的概括，对面容化妆有重要的参考价值，也是中国古代总结出来的描绘人的脸部美比例的基准。

所谓“三庭”，是指脸的长度比例，由前发际线到下颏分为三等份，即从人的额头发际线到眉骨，从眉骨到鼻尖，从鼻尖到下巴的三个距离正好相等，故称“三庭”。“上庭”是指前发际线至眉线部分；“中庭”是从眉线到鼻底线部分；“下庭”是从鼻底线到颏底线部分，它们各占脸部长度的1/3。

所谓“五眼”，是指脸的宽度比例。从正面看，以眼睛长度为标准，从左耳孔到右耳孔把面部的宽分为五等份。两眼的内眼角之间的距离应是一只眼睛的长度。如果两眼之间的距离小于一只眼睛的距离会给人紧张、阴沉的感觉；大于一只眼睛的距离，则会给人以缺少心机的感觉。

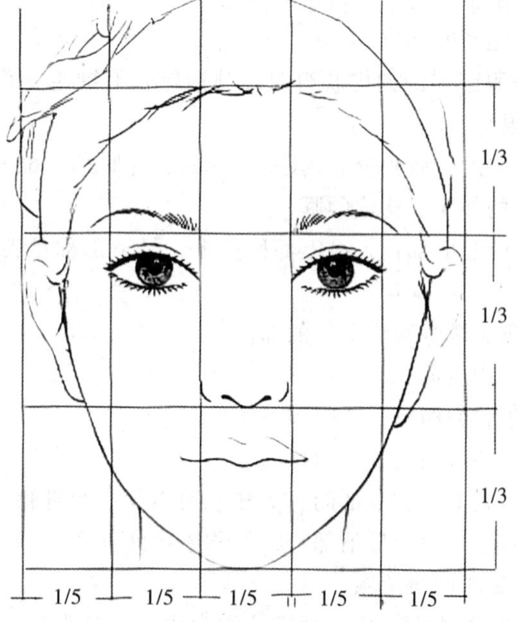

图 3-7 “三庭五眼”的比例标准

从“三庭五眼”的比例标准可以得到以下结论：“三庭”决定着脸的长度。其中，鼻子的长度占脸部总长度的1/3；“五眼”决定着脸的宽度，两眼之间应有一只眼的距离。面部的这一对应关系成为矫正化妆的基本依据。

即学即练 3-2

将学生分成若干组，每组两人，两人互相分析对方五官的比例，并给出怎样才能达到“三庭五眼”黄金比例的化妆建议。

三、面部五官局部的比例关系

（一）眼睛与脸部的比例关系

眼的标准位置应在额头发际线和嘴角水平线连接线的二分之一处，两眼之间的距离等于一只眼的宽度，眼尾应略高于内眼角的水平线。眼轴线为脸部的黄金分割线，眼睛与眉毛的距离等于一个眼睛中黑色部分的大小。眼睛的内眼角与鼻翼外侧成垂直线。

（二）眉毛的标准位置及比例关系

眉毛的标准位置在额头发际线至鼻底的中分线上，眉头和内眼角在同一垂直线上；眉峰在整个眉毛从眉头到眉尾的2/3处；眉尾在鼻翼与眼尾的延长线上；眉尾应平齐或略高于眉头的水平线；眉尾在鼻翼至外眼角连线的延长线上为长眉，眉梢在嘴角至外眼角连线上为短眉，如果眉的长度长于或短于上述这两个尺度，化妆时就要适当地调整。眉毛的标准位置及比例关系如图 3-8 所示。

（三）鼻部与脸部的比例关系

黄金三角是指腰与底边之比等于0.618或近似值的等腰三角形，其内角分别为36°、72°、72°。人体具有三角形特征的部位很多，但对人的面部形象极具重要意义的，是集中在人脸部的三个三角形。

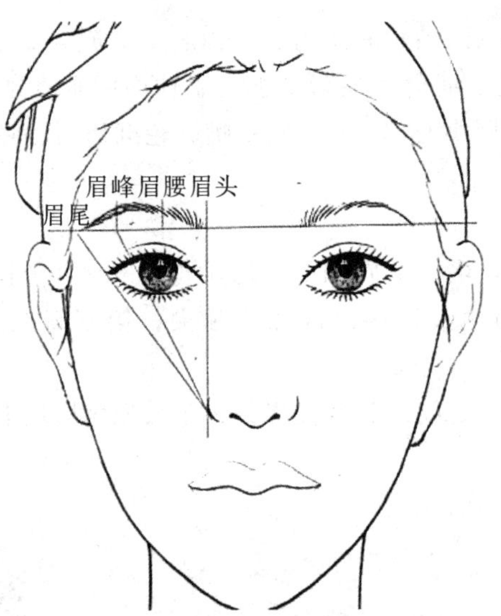

图3-8　眉毛的标准位置及比例关系

（1）鼻部正面，是以鼻翼为底线与两眉间中点构成的一个黄金三角。

（2）鼻部侧面，是以鼻根点（两内眼角连线中点）为顶点，鼻背线（鼻根点和鼻尖的连线）与鼻翼底线构成的一个黄金三角。

（3）鼻根点与两侧嘴角，是以嘴角连线为底线与鼻根点构成一个黄金三角。

（4）鼻部轮廓，以鼻翼间距为宽，以眉头连线至鼻翼底线间距为长，构成一个黄金矩形。且此矩形位于面部轮廓黄金矩形的正中央部位。鼻部宽度是鼻翼间距，正好等于内眼角间距，鼻梁宽度为两内眼角间距的1/3。

鼻部与脸部的比例关系如图3-9所示。

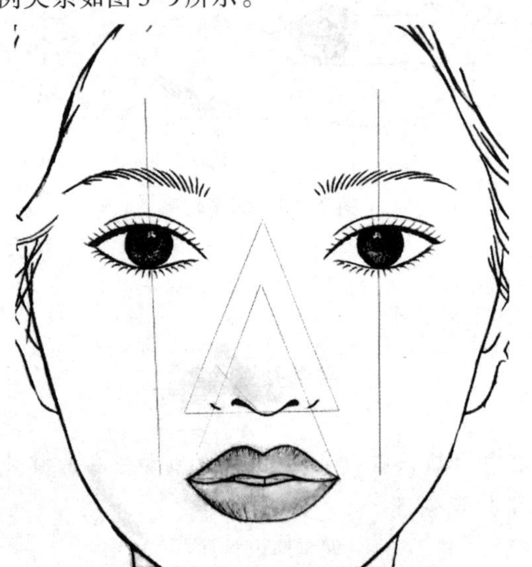

图3-9　鼻部与脸部的比例关系

（四）嘴唇与脸部的比例关系

唇的位置在下庭的中央部位，下唇底线应在鼻底至下颚底线的平分线处；唇的宽度应在两眼瞳孔内侧的下垂线稍内侧；嘴部轮廓，当面部处于静止状态时，以上唇峰至下唇底线间距为宽，以两嘴角间距为长，构成一个黄金矩形。标准唇型的唇峰在鼻孔外缘的垂直延长线上，嘴角在眼睛平视时眼球内的垂直延长线上。下唇略厚于上唇，下唇中心厚度是上唇中心厚度的2倍；嘴唇轮廓清晰，嘴角微翘，整个唇型富有立体感。

（五）侧面轮廓

标准的侧面轮廓是鼻尖、上唇和下巴均在同一条垂直延长线上。

四高：第一高点为额头，第二高点为鼻尖，第三高点为唇珠，第四高点为下巴尖。

三低：第一低为两眼之间的鼻额交界处，第二低为唇珠上方的人中沟，第三低为下唇下方的凹陷处。

侧面轮廓如图3-10所示。

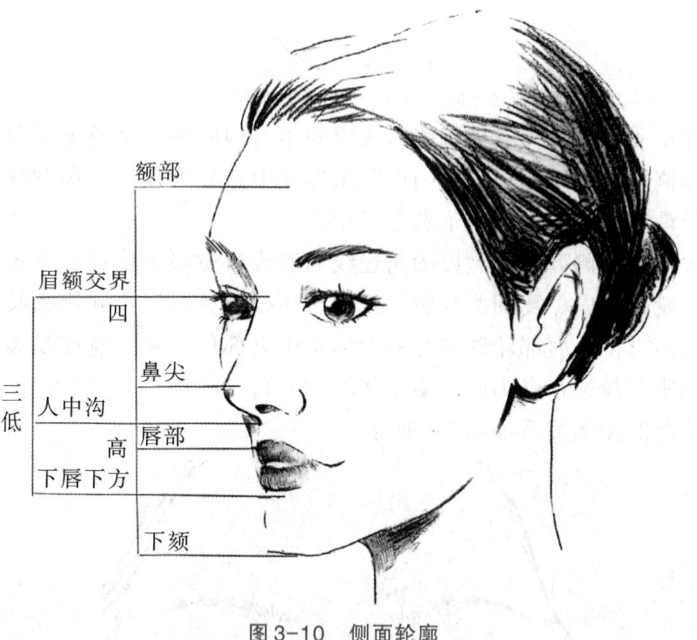

图3-10 侧面轮廓

任务实施

课堂知识竞赛

任务要求：

1.老师根据表3-2中的知识点（也可适当增加本任务的其他知识点）对应的题号及分值，进行一次课堂知识竞赛。

表3-2 课堂知识竞赛内容

题号	知识点	分值（50分）
1	“三庭”的具体内容	5
2	“五眼”的具体内容	5

续表

题号	知识点	分值（50分）
3	眉毛的标准位置及比例	10
4	鼻子的标准位置及比例	5
5	面部“四高三低”的具体内容	10
6	唇的标准位置及比例	10
7	眼睛与面部的比例	5

2.全班学生分为6组，每组选出1名负责人，小组负责人带领组员温习本任务所学内容。此外，小组负责人还负责竞赛抽题并维持组内秩序。

3.竞赛抽题的顺序：第1小组给第2小组抽题，第2小组给第3小组抽题，以此类推，直至第6小组给第1小组抽题。若转到别人答对的题目，则再抽题一次。

任务评价：

1.小组负责人组织组员回答出其他小组抽出的问题，所得分数由老师评定。

2.老师给各小组打分，并统计各小组总得分。

3.老师将各小组按照最终得分的高低进行排名，并根据情况设置活动奖品。

课堂知识竞赛评价见表3-3。

表3-3　课堂知识竞赛评价表

小组	答题表述流畅情况（10分）	小组成员协作情况（10分）	其他（10分）	合计
第1小组				
第2小组				
第3小组				
第4小组				
第5小组				
第6小组				

德技兼修

悠悠我华夏，美美中国妆

一轮明月朗照千年，嶙峋的峭壁上青绿点点。只此青绿，醉了时光，醉了江山无限。2022年春晚的舞蹈节目《只此青绿》抓住了很多人的心神，展现了中国美。

《只此青绿》由两度摘得“文华大奖”的编导周莉亚、韩真共同执导。该剧以“舞蹈诗剧”的形式，为观众开启了沉浸式“赏画”体验，观众跟随现代故宫研究员——展卷人，循着“展卷、问篆、唱丝、寻石、习笔、淬墨、入画”的篇章走进画卷，剧中的人物形象与非遗技艺都呈现在最新公布的剧照中。

高髻青衣的女子，在画卷里轻甩水袖，慢移莲步，举手投足间便是缠绵如丝的委婉。斜高椎髻，青靛舞袖，惊鸿一场。除了绝妙的舞姿之外，她们的妆容也是画面中不可缺少的色彩，锋利的眉眼，绛唇高髻，一束打光，一个眼神就好像经历了千年。大气婉约，意境悠远，舒缓松畅，这正是中国妆容的精妙之所在，干净利落却又不失大气，让人意味悠长。

古今之间，纵然隔着千年的时光，人们对美乃至对潮流的感悟却是一样的。中国妆容以其白皙无瑕的底妆、刚柔并济的眉毛和烈焰般的红唇营造出一种大气的视觉冲击。中国妆容的重点在于耐心和细心，精髓在于“独立大气”、内外兼修，不断体现着中国传统中“心中有丘壑，眉眼做山河”的文化底蕴。

资料来源　英悦台．悠悠我华夏，美美中国妆［EB/OL］．［2022-05-21］．https://mp.weixin.qq.com/s?__biz=MzAxMDM3NTYyMg== &mid=2650144129&idx=1&sn=ebf43f0c17e464e5ec0030d23488ca34&chksm=83500528b4278c3e9b2eb183b5b81f36bc56e681fc101b5a7d11b84d00ea6325f6a80e62ade5&scene=27.

思政元素：文化自信　文化传承

思政感悟：党的二十大报告指出，“增强中华文明传播力影响力。坚守中华文化立场，提炼展示中华文明的精神标识和文化精髓”。东方美学，不仅是对民族文化的传承与坚守，更是坐拥世界舞台一席之地的大国自信。让世界看到东方美，虽然各个时代的审美观念不同，但是从古到今，人们都没有停下过追求美的脚步。从五千年中华文化底蕴中汲取灵感，融合古典与现代之美，如今中国妆容饱含成熟、独立美，不仅更加多元化，而且更随心所欲，给人一种自信又有主见的感觉。

学习效果综合测评

一、填空题

1. 由于人的种族的不同，头颅大致可分为两大类，即（　　）型和（　　）型。白色人种、红色人种及黑色人种属于（　　）型，面部比较立体。黄色人种属于（　　）型，面部较圆润、扁平。

2. 面部是有转折变化的。由两眉峰分别向下做一垂线，这两条线称为（　　）。通过认识面部的转折关系，就可以利用色彩的色性，将圆润、扁平的面型塑造成圆润与立体相结合的面型。

3. 头部骨骼分为（　　）与（　　）两大部分。

4. 当前美学家用黄金面容分割法分析标准的面部五官比例关系，五官的比例一般以（　　）为标准。

5. 眼睛的内眼角与鼻翼外侧成（　　）线。

二、问答题

1. “三庭”是指什么？

2. “五眼”是指什么？

3. 简述眉毛的标准位置及比例。

4. 简述鼻子的标准位置及比例。

5. 简述面部的“四高三低”。

6.简述唇的标准位置及比例。

7.简述眼睛与面部的比例。

8.面部骨骼结构、肌肉结构对化妆的作用有哪些?

9.五官之间的关系如何?

三、绘图题

1.在绘图纸上画出头面部骨骼结构，并能熟练快速指出结构位置。

2.在绘图纸上画出头面部肌肉结构，并能熟练快速指出结构位置。

四、操作题

1.骨骼妆操作。

2.使人显瘦的化妆操作。

3.使人显胖的化妆操作。

项目四 局部化妆修饰技巧

化妆主要是针对人物面部的客观条件具体实施的技巧。针对人的五官基本特征，本项目主要讲述局部化妆修饰技巧和化妆的基本知识。

任务一 底色对面部的修饰与矫正

◎ 任务目标

知识目标：
1. 掌握粉底的作用、常用底色的色调及使用方法；
2. 掌握皮肤的性质、特点及上底妆的方法。

能力目标：
1. 能用化妆技巧来塑造最好的皮肤质感；
2. 能用化妆技巧来塑造最好的脸型。

素养目标：
1. 具有良好的人文科学素质和一定的美学修养；
2. 培养学习者严谨、持之以恒的敬业精神，养成细致、耐心、认真的职业习惯。

知识准备

一、底色与皮肤的塑造

化妆主要是通过改善和修饰皮肤的外观体现出面部的健康状况。皮肤犹如一面镜子，可以映射出人的健康状况、年龄和情绪等。每个人都有自己的皮肤色调，有的偏黄、有的偏白、有的偏红、有的偏黑。正是由于肤色在整体化妆中的作用，在化妆中更应该利用各种手段来使皮肤呈现健康、润泽的色彩。特别是东方人的面部色泽偏黄且轮廓缺乏立体感，可以用底色来解决。肤色在化妆中起着至关重要的作用。一个成功的化妆造型很大程度取决于肤色修饰的状况。如果将化妆比喻为高楼大厦，肤色的修饰就是它的基石。同时，肤色的修饰效果也是检验化妆师基本功的重要内容之一。

皮肤是化妆底色的载体，它覆盖于身体表面，皮肤可以保护体内组织和器官免受外界的各种刺激和损伤；可以排汗、分泌皮脂、散热、保温，同时也是一个重要的感觉器官。皮肤犹如一面镜子，可折射出人的健康状况、年龄和情绪等。

（一）皮肤的形态

化妆的功能之一是改善和修饰皮肤的外观。皮肤的质地、色彩等因素能体现一个人生存环境、身份、年龄、身体状况、时尚元素等。因此，了解皮肤的形态对塑造人物形象非常重要。

人的皮肤在容貌美中有重要地位，均匀、光泽、润滑的皮肤会赋予人以健康、清爽、和谐的美。皮肤美的综合性判断标准，主要有五大依据：

（1）皮肤健康有活力，肤色红润亮丽。

（2）皮肤洁净，无斑点。

（3）富有弹性，光滑柔软，不皱缩或粗糙。

（4）肤质呈中性，不易敏感、油腻和干燥。

（5）皮肤耐老，随年龄增长缓慢衰退。

（二）肤色

肤色即皮肤呈现的颜色，主要由黑色素决定，与皮肤美有密切关系。肤色因种族、个体及分布部位的不同而有差异。不是每个人都能拥有健康的肤色。肤色会随年龄、季节、健康状况、生活环境等影响而发生变化。肤色苍白或偏黄，就会显病态。白皙剔透显雅致、文静。黝黑光泽显健康、时尚。一般认为正常或健康状态的肤色就是美的。

黄种人的皮肤从颜色深浅看可分为浅肤色、中肤色和深肤色。从色调看可分偏白色、偏红色、偏黄色、偏黑色四种类型。没化妆时面部肤色是不均匀的。由于皮肤上各个部位的色素分布不均匀，造成脸部各部位的皮肤色调有深浅、冷暖的变化。一般前额的皮肤颜色偏深，眼周围的皮肤发黑发青，面颊、鼻头部位的肤色偏红，嘴周围的皮肤颜色偏黄，而下巴部位稍微有些偏绿（男士非常明显）。妆前需观察化妆对象脸颊、额部、颈部的自然肤色以对妆色做出准确选择。同时，一定要仔细分析所要塑造的妆容需要选择怎样的肤色，如在角色人物的表现中，肤色往往说明了人的生活环境、性格特点、人生经历等，千万不能一概而论。

（三）皮肤性质及护理

知识点10

卸妆清洁（微课）

每个人都希望有健康的皮肤，但这种情况毕竟是不多的，人的皮肤不可能十全十美，只能根据皮肤的性质补缺增优。皮肤还会随着年纪的增长、生理的变化，或地域环境的影响发生各种变化。根据皮肤的不同形态可分为以下五种不同性质的皮肤：

1. 干性皮肤

（1）特征：洁白细嫩，生细小的碎皱纹，洗好脸后会感到皮肤发胀。皮肤表面脂肪分泌量极少，毛孔细而不明显，不易出粉刺和小疙瘩。由于缺少自然的油脂滋润，脸部皮肤显得干涩无光。化妆附着力强，不易脱妆。

（2）保养：选择洁肤产品时，可选择略含酸性的洁肤产品，护肤产品应该选择油类的护肤品，增强皮肤的油脂，增加皮肤的营养，保持皮肤的弹性。

（3）化妆：干性皮肤的人多化妆会加重皱纹，所以应尽量选用油性高的滋润型粉底液或粉底霜，待妆时经常往脸上喷些化妆水或矿泉喷雾补充水分。干性皮肤的人，刚化妆时，容易有浮妆的现象，需等一会儿才有贴合感。应选用温和的卸妆水或卸妆乳液彻底卸妆，宜用不含碱性物质的膏霜型洁肤品，再用温和滋润的奶状洁面产品温水洗脸。

2. 中性皮肤

（1）特征：皮脂与水分保持平衡，光滑细腻，厚度中等，滋润有弹性，对外界刺激的反应不大，肤色均匀，毛孔细致，是最理想的肌肤。一到春夏季会偏油亮些，秋冬季会偏干爽些，但保养不当也会变干或变油。

（2）保养：选择一些温和的护肤类保养品，良好的生活习惯、有规律的作息时间对保持皮肤健康也是非常重要的。

（3）化妆：冬季宜选用油一些的粉底液，并经常往脸上喷些化妆水；夏季选用干一号的不脱色粉底液，并准备好吸油面巾纸及干粉饼补妆。卸妆宜选用温和的中性卸妆乳及泡沫型洗面奶，温水洗脸。

3.油性皮肤

（1）特征：油性皮肤的表面脂肪分泌量多，呈现出油亮的光泽，肌纹粗，毛孔大而显眼。油性皮肤的优点是不易起皱纹，缺点是容易生粉刺、痘痘。妆面容易脱落，或被皮肤吸掉。

（2）保养：清洁皮肤，可选择略含碱性的洁肤产品，控制油脂的分泌，也可以选择含水性的产品，大量补充皮肤的水分，减少油脂的分泌，保持皮肤的呼吸通畅。油性皮肤的人在饮食上也要注意，不宜多吃油炸的、甜腻的、辛辣的食品，同时要保证充足的睡眠。

（3）化妆：油性皮肤的人夏季最好少化妆，如必须化妆，最好选用含油分极少的干粉。其他季节可选用偏干的粉底液或粉底霜，多扑些散粉定妆。应注意备好吸油面纸及干粉饼随时补妆。每天睡前必须彻底卸妆，选用油性的卸妆油或卸妆乳，用卸妆棉轻擦脸部，再用磨砂型洗面奶或洁面皂温水洗脸。

4.混合性皮肤

（1）特征：脸上油性和干性两种皮肤混合存在的一种皮肤，油性皮肤呈T形分布，即额部、鼻及鼻周区易泛油、长粉刺；其他部位特别是眼周围和脸颊较干。女性此类肤质者偏多，约有80%为混合性皮肤。

（2）保养：在不同区域应用不同的护肤品效果会更佳。

（3）化妆：选用油分适中的粉底液或粉底霜，T区部位多扑些粉，注意随时吸油及补妆。卸妆时选用中性皮肤适用的卸妆乳及泡沫型洗面奶。

5.敏感性皮肤

（1）特征：换季时易生湿疹，仅因水质的变化，皮肤也会发生变化。在接触化妆品和粉尘后，会出现红肿、痛痒等反应。有的敏感性皮肤受日光照射时出现红斑，有的因饮酒、食入海产品而出现皮疹和红肿瘙痒等。

（2）保养：不宜使用果酸类或没有添加防过敏剂的天然类护肤品。注意防晒，避免日光伤害皮肤。注意饮食，少吃辛辣的食品，避免刺激皮肤，选用无刺激性的化妆品。

（3）化妆：过敏性皮肤千万不能频繁更换护肤品及化妆品，初次使用的产品应事先进行适应性试验，方法为在手背处或耳根处涂少量产品，如无反应方可使用。妆前可用绿色的修颜液涂脸以免皮肤上妆后泛红。卸妆用品一定要温和无刺激的，用全棉卸妆巾轻轻擦拭，应用高级些的敏感性皮肤专用洗面奶，洗脸水不可过热或过冷。

随着季节和年龄的变化，皮肤性质也会相应有所改变。一般，在冬季皮肤普遍偏干，油性皮肤的皮脂分泌量也相应减少；夏季的皮肤偏油，干性皮肤也会显得光泽滋润。年轻时油脂分泌多于老年时。干性皮肤的人，随着年龄的增长，皮肤会日渐干燥无光。

（四）底色对皮肤的修饰

化妆中的皮肤修饰是整个化妆效果的基础，犹如金字塔的底，楼房的根基。底色对皮肤修饰主要分为保护皮肤、调整肤色、紧致皮肤、改善皮肤质感、掩盖脸部瑕疵等方面。

1.保护皮肤

不仅护肤品有保护皮肤的作用，底色也有。底色不仅可以滋润皮肤，抑制皮肤多余油分，而且可以在皮肤上制造一层薄膜，对风吹日晒、辐射等外界刺激有一定的防御能力。目前，具有保湿、防晒功能的粉底颇受人们欢迎。

2.调整肤色

随着年龄的增加、地域环境的不同，肤色会渐渐变得不均匀，皮肤会变得粗糙、灰暗。化妆造型中的肤色调整，首先是利用色彩补色的原理，主要是用彩色系粉底修饰并调整肤色，让后上的肤色系粉底更自然、清透。淡绿色的修颜液修饰偏红色的肌肤，淡紫色的修颜液修饰偏黄色的皮肤。使用修颜液的皮肤会变得均匀白皙、柔和明亮。比如，将偏黑黄的面色调整为红润的健康色；将无光泽的灰黄色变成滋润的粉嫩色；将苍白的病容色敷成理想的健美色等。但并非每个人的化妆都需要修颜步骤，还是需因妆而异，因人而异。

如何选择粉底的颜色，这与化妆设计的风格、地域文化审美、气候、媒介、时尚流行等因素都有密切的关系。人们对化妆的审美也在不断地变化，皮肤颜色的呈现不仅仅是一种外在审美活动，同时也承载了社会、经济等多方面的文化艺术内涵。在长期的工作实践中，改变与调整肤色要根据个人的具体条件而作选择，在化妆中不可机械照搬，而应根据不同化妆对象具体的面部条件、化妆风格、妆型定位等进行选择，并采取相应的技术处理，也要考虑妆型效果对产品和工具的具体要求。

比如，生活中粉底的颜色和肤色接近为好。选择粉底的原则是：粉底色彩要与肌肤亲和，与肤色相近或略浅一号。过白的粉底会给人假面具的感觉，过深的粉底会使皮肤显得太暗。白种人适合粉红色基调粉底，黑种人适合红棕色基调粉底。亚洲人不太适合偏红的粉底，一般象牙白或偏黄的粉底与亚洲人肤色基调更接近。除根据肤色选择粉底外，还要根据妆型的需要来选择粉底色。淡妆要选自然感的粉底色，浓妆在选择粉底时随意性较强。此外，白天与晚上场合不同、照明不同、粉底色的选用也应不同。涂抹时要均匀，薄厚要适中，涂抹方向和用量要掌握得当，面部颜色要统一。

3.紧致皮肤

化妆中的紧致皮肤提升肌肉线条，与美容中紧致皮肤的概念有差别。美容是通过紧致产品或仪器来紧致皮肤的，化妆中的紧致皮肤是通过化妆的技术、底色明暗变化的运用使人们产生视错觉提升肌肉线条，使皮肤感觉上变得更紧致。如亚光、偏深的底色有收敛作用，使皮肤显紧致。因皮肤松弛出现的凹痕，可以选择比肤色亮的肉色，用扁头化妆笔轻抹在凹痕处，再用指腹轻点和底色衔接好。当然，这只是在视觉上暂时解决了问题。

4.改善皮肤质感

皮肤质感的表现也是专业化妆师应掌握的必要技巧，是流行风尚中修饰的重点。现代科学技术的发展使粉底的材质也有了越来越多的选择，我们可以通过不同的粉底产品打造不同质感的皮肤。滋润质地的底色使皮肤质地润泽、平衡，给人自然健康感；亚光质地的底色使皮肤紧致、清爽、不油腻，有丰富的粉质感效果，给人古典感；油光质地的底色使脸部皮肤泛出自然、透明、水嫩的油光，有夏日感；闪亮质地的底色使皮肤有亮泽、细致、自然的珠光效果，给人轻盈、耀眼的时尚感。针对不同的妆型，可选择相应的底色质感，以表现更为生动的彩妆主题。

5.掩盖脸部瑕疵

我们经常会碰到人的脸部轮廓和肤色较完美，但皮肤有色素沉淀、痣、雀斑等细小的斑点瑕疵，影响了脸部的美观，这时就可以用遮瑕产品进行特别的遮盖，使整个面部肤色变得自然、健康。选用遮瑕产品要掌握一定的技巧，这样可以使妆容显得更清爽。一定注意遮瑕产品与周边皮肤要衔接好，同时注意不同的状况和部位，应使用不同质地的遮瑕品。

（1）掩盖色素斑。要想掩盖色素斑就不能施以太薄的粉底，因为色素斑会从底色中透出来，从而呈灰褐色，也不能使用太浅或者太深的粉底，因为色素斑被盖住后会变成小白点或小黑点。最好选用与底色接近的遮瑕膏，可以均匀地调和脸部色调，缩小色素斑与皮肤的色差。如果色素斑在腮红的位置上，还需要适当地加些腮红颜色。

（2）掩盖眼袋。由于过度劳累或遗传等原因，下眼袋颜色偏灰暗，如果想去除也不能用加厚底色或一味提亮的方法，这些方法只能使其更显眼。正确的方法是，利用化妆色彩的修饰原理，黑眼圈一般呈黑青色或棕色，根据对比法的法则，可选浅橙色系的产品遮盖泛青的眼圈，米黄色、浅肉色的产品遮盖泛棕色眼圈。用质地较软的遮瑕产品轻轻地按压在眼袋的阴影处，使其改变眼袋的灰暗色，然后选用比底色浅的粉底统一眼袋与周围面部色彩。

（3）掩盖雀斑。关键看需要什么效果的底色，浓妆时需要用遮盖力强的粉底霜将满脸打一层就可以了，快捷而效果好；当追求薄而透明的底色时就要先涂抹一层粉底液，然后将遮瑕膏用小号笔垫盖上去，再用指肚轻按，使其与周围颜色衔接好。因雀斑的位置不同，所使用的遮瑕膏也要做相应调整，如鼻梁和额头上的颜色稍浅一些，腮红位置的颜色稍红一些。也可以使用介于雀斑和皮肤之间的底色，使雀斑和肤色的颜色趋于一致，就不那么明显了。还可以突出个性的化妆法，分散注意力。把注意力引到其他的优势部位，让雀斑变得不明显。

（4）掩盖黑痣。有的演员脸上有痣，因为痣是凸出的，盖起来比较麻烦。颜色深了，它更暗，颜色浅了它更突出，所以要多调几次，将明暗、冷暖的色素色相都考虑进去。但有时它还是难以彻底掩盖，只要减弱到不引起人们注意就可以了。

二、常用底色的色调及涂抹方法

人们的面部富于起伏变化，这种微妙的变化不能只用一种色调的粉底来表现。这是因为在人的面部，由于受光的程度不同，立体感随之而产生。

（一）常用底色的色调

在面部肤色修饰中，不同的部位要选择不同色调的粉底。粉底主要是由基础底色、高光色、阴影色三种色调构成。

1.基础底色

基础底色起统一皮肤色调的作用。它使皮肤外观具有透明度及光泽感。基础底色的选择非常重要，在选择时要接近肤色，从而表现皮肤的自然质感。

2.高光色

高光色浅于基础底色，具有感觉开阔、鼓突的作用。应用在鼻梁、下眼睑、前额、下颏等需要鼓突和提亮的部位。

3.阴影色

阴影色具有收紧、后退和凹陷的作用。利用阴影色，可使扁平的脸庞有立体感。同时，阴影色也可做鼻侧影使用。阴影色要比基础底色暗三四度，可根据肤色的深浅、妆面的浓淡程度来选择深咖啡或浅咖啡的阴影色。

（二）粉底的涂抹手法

粉底是借助于海绵、粉底刷和手指来涂抹的。

1.用海绵涂抹粉底

用海绵涂抹粉底，可以使粉底与皮肤结合得更紧密，涂抹速度快而且均匀；运用手指可以对海绵难以深入的细小部位，如鼻翼两侧、下眼睑及嘴角等部位进行处理。海绵在使用前用清水蘸湿，再用干毛巾按干，使其呈微潮湿状态，以使粉底涂得更服帖。

进行粉底的涂抹时，要采取以下手法：

（1）印按法。这种涂抹手法最为普遍。手按下去即将海绵滑向一旁（如图4–1所示）。利用印按法可使粉底涂抹均匀，附着力强，效果自然。

（2）点拍法。直上直下地拍打，不做任何移动（如图4–2所示）。这种方法涂抹底色可使粉底与皮肤结合得更牢固，附着力更强。但大面积运用此种方法进行粉底的涂抹，会使粉底涂得过厚，使底色显得不自然。此法常用于提亮和遮盖瑕疵。

（3）平涂法。用海绵在面部来回涂抹（如图4–3所示）。这种手法由于力度轻，粉底附着力不强，只适用于粉底过厚需要减薄或上眼睑部位。

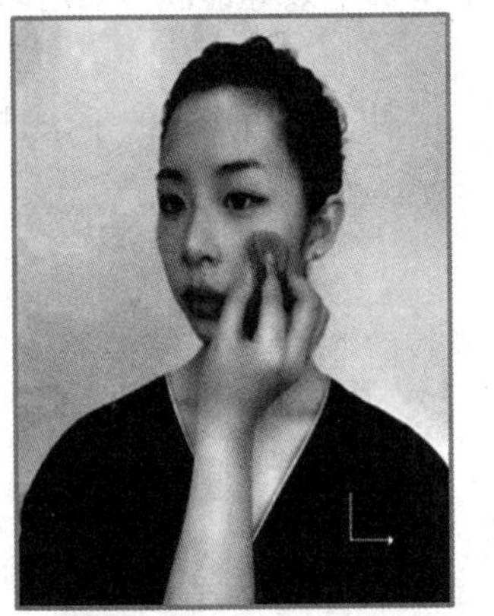

图4–1　印按法

图4–2　点拍法

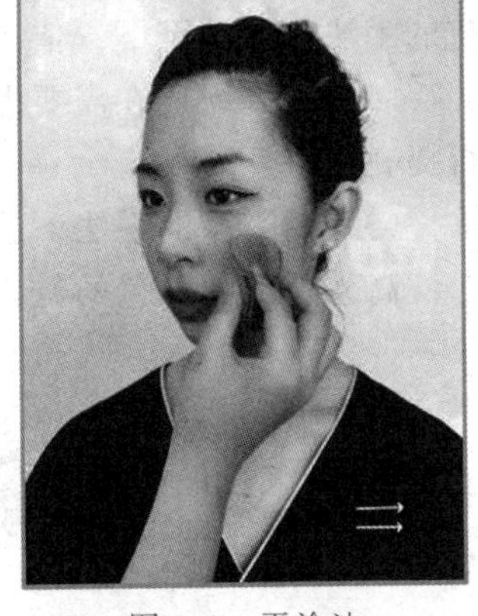

图4–3　平涂法

用海绵涂抹粉底应根据需要采用相应的手法，以上三种手法可以相互结合，使底色效果自然、柔和、服帖。

即学即练4–1

老师先示范使用美妆蛋涂抹粉底液，然后安排学生两两互相练习，学生遇到问题可以向老师请教。学生将完成的效果拍照，并记录练习中遗漏的要点、遇到的问题和解决方案等。

2.用粉底刷涂抹粉底

用粉底刷涂抹粉底适合较好的皮肤，对于瑕疵多的皮肤来说并不适合。粉底刷一般分为圆头粉底刷和扁头粉底刷两类。粉底刷使用要点如下：

（1）保持双手和上妆工具的整洁。

（2）使用扁头粉底刷上妆，用粉底刷蘸取粉底液，涂在脸上然后使用粉底刷刷开。

（3）使用圆头粉底刷上妆，将粉底液点涂在脸上，然后用粉底刷以打圈的方式将粉底推开。

即学即练 4-2

老师先示范使用粉底刷涂抹粉底液，然后安排学生两两互相练习，学生遇到问题可以向老师请教。学生将完成的效果拍照记录，并记录练习中遗漏的要点、遇到的问题和解决方案等。

3.用手指涂抹粉底

手是很好的上妆工具，能使上妆效果具有透明均匀的质感。手指上妆法对液态、霜状、膏状的粉底尤为适用。操作时用指腹推涂粉底，结合大拇指下方大鱼际肌的按压，使粉底与肌肤紧密贴合。

以上三种方式主要指大面积上妆的手法，但在实际操作中，往往是多种方式综合运用。在皱纹、细纹、遮瑕处等部位，以小笔细心填补，使之与周围肤色自然衔接，能有效改善皮肤质感和色泽。

知识点11

肤色的修饰（微课）

（三）肤色修饰的步骤及注意事项

1.肤色修饰的步骤

（1）用蘸有粉底的化妆海绵，在额头、面颊、鼻部、唇周和下颏等部位，采用印按的手法，由上至下，依次将底色涂抹均匀。

（2）用高光色在需要提亮的部位，如鼻梁、额头、下颚等处，采用点拍的手法进行提亮。

（3）用平涂的手法，进行阴影色的晕染。

高光色、阴影色的位置如图4-4所示。

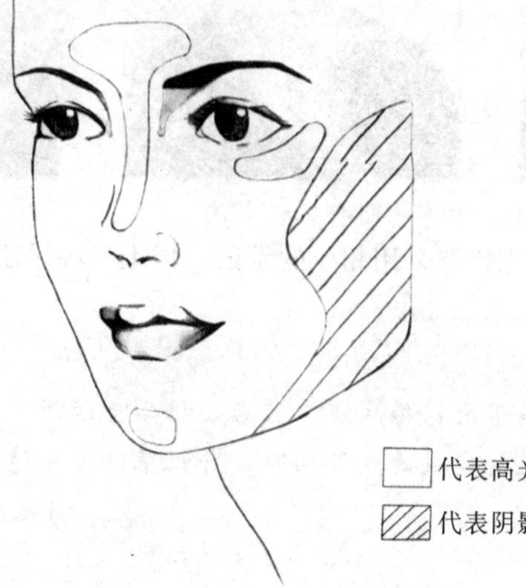

图4-4　高光色、阴影色的位置

（4）定妆。定妆就是用蜜粉将涂好的粉底进行固定，以防止皮肤因油脂和汗液分泌而引起脱妆，起到柔和妆面和固定底色的作用，这是保持妆面干净及底色效果持久的关键步骤，其具体方法如下：用粉扑蘸取少量干粉，轻轻地按压固定妆面。定妆时，不能用粉扑在妆面上来回摩擦，这样会破坏妆面。防止脱妆的关键在于鼻部、唇部及眼部周围，这些部位要小心定妆。用掸粉刷将多余的蜜粉掸掉，掸余粉时，动作要轻，以免破坏妆面。

2.肤色修饰的注意事项

（1）底色要求涂抹均匀，所谓均匀，并不是指面部各部位底色薄厚一致，而是根据面部结构特点，在转折的部位随着粉底量的减少而制造出朦胧感，从而强调面部的立体感。正确的上妆方式是从面部的中央向耳朵中央方向涂抹，鼻子、下巴中央向下涂抹，涂完一边，再涂另一边，然后局部增补，在化妆的同时保护客人的面部结构不松弛。

（2）各部位要衔接自然，不能有明显的分界线。在鼻翼两侧、下眼睑、唇周围等海绵难以深入的细小部位可用手指进行调整。在底妆修饰中，不仅要注意产品与皮肤的贴合度，而且要注意涂抹的方向。不当的涂抹非但与毛孔长势不符，难以涂匀，更会因为着力方向与肌肉生长相逆，造成肌肉下垂，加速衰老。

（3）要注意面部底妆与脖子、胸部的衔接，将裸露部位的色彩效果统一在一个整体中。在化妆时，可从面部中央上妆，逐渐向两颊薄推，直至与脖子色彩衔接。在一般情况下，肤色不均的部分主要集中在面部中央，转折处附近的两颊部位是肤色最健康、水油分泌最平衡的地方，且不是妆面的重点所在区域，本就无须过度修饰。在处理颈部、胸部与面部的关系时，可用薄透的粉底液涂抹，辅以肉色的散粉定妆即可。化妆贵在效果自然，在保证妆容效果的前提下尽量不要太厚，以免造成皮肤的负担，影响妆效持久。

（4）采用面部立体修饰，阴影色、高光色的位置根据具体的面部特征而有所变化。西方人面部结构分明，底妆修饰相对简单，主要在于皮肤质感色泽的塑造和遮瑕。而黄种人面部线条平缓柔和，鼻梁不高，在底妆修饰时往往需要利用色彩的明度对比塑造面部立体感。现在的化妆修饰崇尚自然，面部中央的底妆修饰一般用深、中、浅三种明度的粉底色，塑造面部立体感。

（5）定妆要牢固，扑粉要均匀，在易脱妆的部位可多进行几遍定妆。

三、底色与脸型的塑造

知识点12

底色与脸型的塑造（微课）

随着年龄增长，面部会出现一些小结构，如眼部眶上缘凹陷、下眼睑出现眼袋、鼻唇沟加深、嘴角肌肉下垂等，我们可以通过明暗对比减弱来缓解小结构，营造平滑的面部结构状态。例如，在凹陷的部位可以选用比肤色亮一度的肉色用化妆笔上妆，能起到适当的修饰改善作用；在不必要的突起部位用比肤色略深一度的粉底色修饰，使之显得略微平整等。对于面部线条硬朗、结构较多的客人，耐心修补面部结构、柔化面部线条是非常必要的，细致的底妆能有效地使面部肌肤结构温柔化、年轻化。底妆的修饰可以减弱面部的结构、改善皮肤状态，柔和的底妆结合五官线条的修饰，能使人的面貌发生根本的改变。

当然，仅仅靠底妆的对比所能起到的改变面部结构的效果是有限的，五官线条的曲直对比、五官刻画色彩的浓淡变化，都能有效改善面部一些有损美观却无法用底妆弥补的凹陷。

在现实生活中，任何人的面部都不可能完全符合美的标准，都或多或少带有某些缺陷，而化妆工作的一项重要内容就是对面部进行必要的矫正和修饰，以求达到生动、和谐、美丽。

（一）脸型的分类

脸型是指平视脸部正面时，脸部轮廓线构成的形态，脸型会随着年龄和胖瘦的变化而改变。中国当代审美仍以椭圆形为标准来衡量女性理想的脸型，认为椭圆形脸最具女性特色。国字形为男性的标准脸型，但其他脸型也并非都不美，关键是与人的其他形态的和谐，如头部与身材、脸型与五官比例等。

1.椭圆脸型

椭圆脸型也称鹅蛋脸，被称作东方女性的标准脸型，长久以来被艺术家视为东方女性理想的脸型。女性椭圆脸型的特征是脸部宽度适中，长度与宽度之比约为4∶3，从额部、面颊到下颏线条修长秀气，有古典的柔美和含蓄气质。

2.圆脸型

中国人喜欢用汉字表示脸型，圆脸型也称田字脸，从正面看，外轮廓从整体上看似圆形，脸部宽度和长度比例接近，脸型短，轮廓圆润，颧骨结构不明显，少有棱角，给人可爱、青春、和气的感觉。但容易显得稚气，缺乏成熟感。

3.长脸型

长脸型也称目字脸，从正面看，长脸型的外轮廓整体较长，额头与脸颊的宽度基本接近。给人严肃、成熟感。长脸型的人五官间距也较长。

4.方脸型

方脸型面部有宽且偏方的前额和下颌角，棱角分明，脸的长度和宽度相近，给人稳重、坚强的印象，但缺少柔美、轻盈之感。男子国字形属长方脸型。特征是从正面看，额部与脸部方正，线条直硬，形状如国字，有阳刚之气。

5.正三角脸型

正三角脸型也称由字型脸，从正面看，脸部轮廓上窄下宽，有的人骨骼明显，有的人丰满圆顺。整体脸型接近正三角形。这种脸型给人安定感，但易显迟钝，感觉脸部下垂。

6.倒三角脸型

倒三角脸型也称甲字形脸，从正面看，倒三角脸型与正三角脸型正相反，脸部轮廓上宽下窄，额头宽阔，下颌较窄，轮廓清秀，给人以俏丽、聪慧、秀气的印象，但也会显得单薄、柔弱。

7.菱形脸型

菱形脸型也称申字脸型，西方人称作钻石脸。从正面看，菱形脸型的人面部一般较为清瘦，额头较窄，颧骨突出，尖下颏，面部较有立体感，脸上无赘肉，易给人留下不温和、冷淡、清高、不易接近的印象。

（二）底色对脸型的修饰矫正

知识点13

脸型的修饰（动画）

脸型与容貌美的关系十分密切，在人的整体形象中占据重要的位置，是五官表现的基础。脸型的修饰主要是对脸部外轮廓的修饰，修饰脸型可以改变人的气质。

底色对脸型的修饰主要运用绘画化妆的表现技法来塑造外轮廓。对照理想脸型，以椭圆为标准。合理利用加减法，主要通过不同深浅、冷暖底色的运用，做视觉上的加减处理，调整脸型问题。此外，还可以用发型的修饰改变脸型。对东方女性来说，脸型修饰主要是要往标准的椭圆脸型上靠，具体表现形式根据不同的脸型有不同的修饰技法。要能从理论上、方法上进行系统总结，不生搬硬套，注意在掌握规律性的同时要依据实际操作中因人、因妆遇见的各种复杂问题，灵活运用理论知识，这样才能在实践中得心应手。

1. 椭圆脸型

为了突出椭圆脸型这种理想脸型的秀丽轮廓，化妆宜注意保持其自然形状，突出其理想之处，不必通过化妆去改变脸型。可以在下颌及耳根部分涂上一点暗色来加强轮廓，使脸型更趋完美，对中年人也可以采取这种方法以达到收紧松弛脸颊的效果。化妆时要找出脸部最动人、最优势的部位，而后突出之，以免给人平平淡淡、毫无特点的印象。

即学即练4-3

老师先示范椭圆脸型底色的塑造，然后安排学生两两互相练习，学生遇到问题可以向老师请教。学生将完成的效果拍照记录，并记录练习中遗漏的要点、遇到的问题和解决方案等。

2. 圆脸型

（1）修正方法。从视觉上对脸部进行拉长和变窄的修正。

（2）提亮部位。提亮发际线部位，以提升额头的高度；提亮下巴，以增加下巴的长度。

（3）阴影部位。阴影涂在额头两侧的颞部、鬓角线部位，以收窄额头的宽度；还有脸颊的两侧，使脸型有上扬消瘦的感觉。

（4）发型。发型可增加头发的整体高度，直发和半松造型是较好的选择。还可以直接用头发遮挡住圆形的脸部轮廓线，以产生瘦脸的视觉效果。

圆脸型的修饰与矫正如图4-5所示。

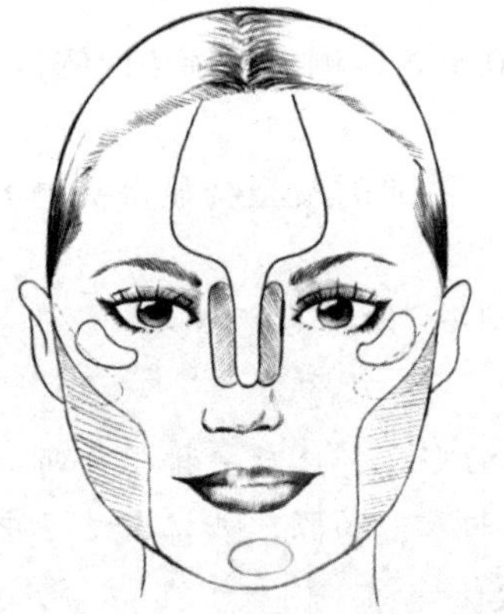

图4-5　圆脸型的修饰与矫正

即学即练 4-4

老师先示范圆脸型底色的塑造，然后安排学生两两互相练习，学生遇到问题可以向老师请教。学生将完成的效果拍照记录，并记录练习中遗漏的要点、遇到的问题和解决方案等。

3.长脸型

（1）修正方法。在视觉上对脸部进行缩短和拉宽的修正。

（2）提亮部位。提亮颧骨两侧，脸颊两侧。处理方法与圆脸相反，力求用颜色使长脸横向延伸。

（3）阴影部位。阴影涂在额头上方、发际线、下巴下方，使脸型缩短。

（4）发型。发型的外部形态需要有横向发展的视觉效果，蓬松的齐眉刘海，或类似的其他蓬松发型，以加强脸部的宽度。

长脸型的修饰与矫正如图 4-6 所示。

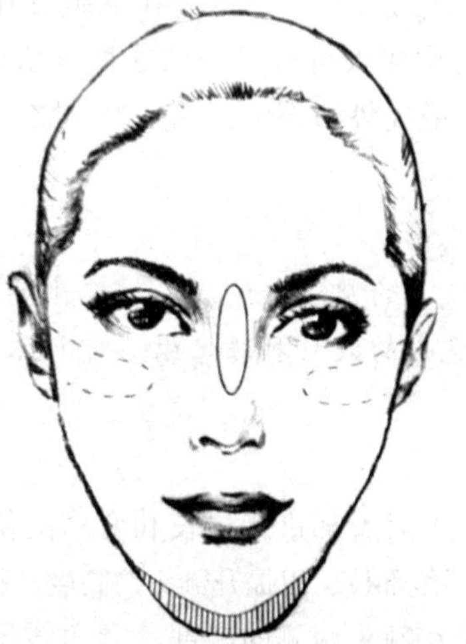

图 4-6 长脸型的修饰与矫正

4.方脸型

（1）修正方法。减少脸型四个角的坚硬感，以增加柔度。

（2）提亮部位。提亮发际线部位，以提升额头的高度；提亮下巴，以增加下巴的长度。

（3）阴影部位。阴影涂在额角两侧，下颌角两侧，面部的外轮廓均晕染不同的阴影，使脸型柔和。

（4）发型。细小、松散、卷曲的发型会显得头更大；微带大波浪的头发造型较好，可打破脸部的宽阔。

方脸型的修饰与矫正如图 4-7 所示。

即学即练 4-5

老师先示范方脸型底色的塑造，然后安排学生两两互相练习，学生遇到问题可以向老师请教。学生将完成的效果拍照，并记录练习中遗漏的要点、遇到的问题和解决方案等。

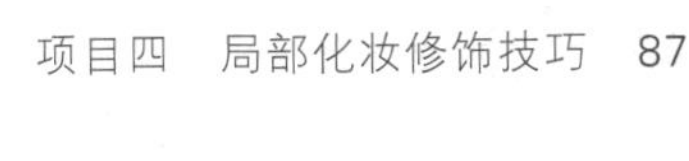

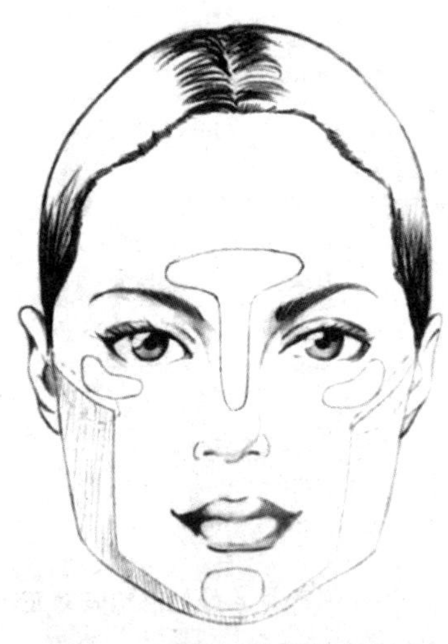

图4-7　方脸型的修饰与矫正

5.正三角脸型

（1）修正方法。缩短下部、拓宽上部效果。

（2）提亮部位。提亮额头两侧的颞部、鬓角线部位，以增加额头的宽度。

（3）阴影部位。阴影涂在脸颊宽大的位置，在下巴的底部与脖子的连接处晕染。

（4）发型。增强额部头发的蓬松感和高度，发尾处减少头发的数量，增强头发的垂感以起到消瘦脸型的作用。

正三角脸型的修饰与矫正如图4-8所示。

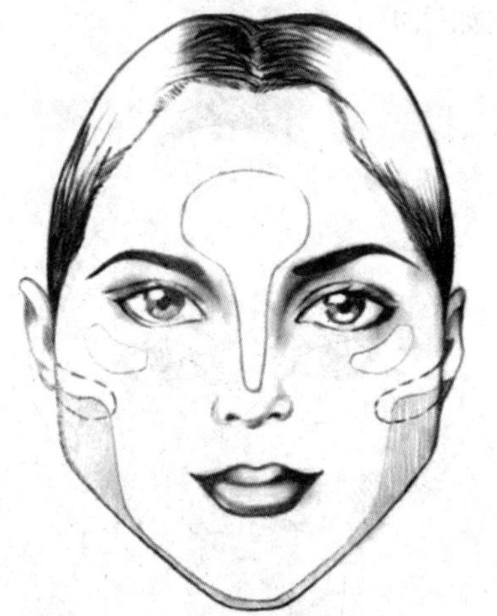

图4-8　正三角脸型的修饰与矫正

6.倒三角脸形

（1）修正方法。丰满面部外形、拓宽下部的效果。

（2）提亮部位。提亮脸颊两侧、下巴两侧，以缓解尖瘦的感觉。

（3）阴影部位。阴影涂在额头两侧的颞部、鬓角线部位，以收窄额头的宽度。

（4）发型。建议用侧刘海挡住一部分额头，增加脸颊两旁的发量。

倒三角脸型的修饰与矫正如图4-9所示。

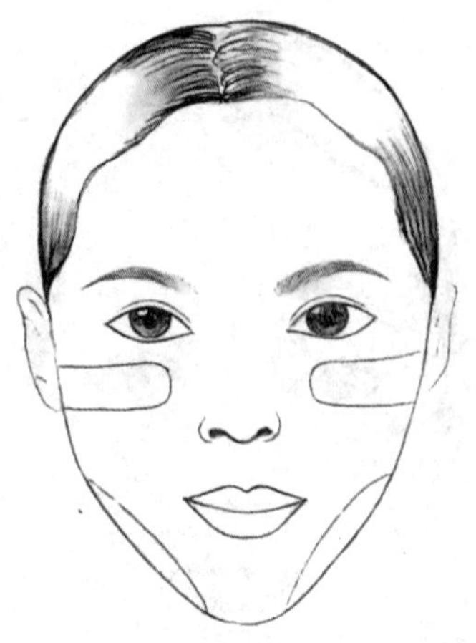

图4-9　倒三角脸型的修饰与矫正

7.菱形脸型

（1）修正方法。拉宽脸部，两旁使之饱满；削弱颧骨，使之变窄，柔和棱角。

（2）提亮部位。提亮额头两侧的颞部、鬓角线部位，以增加额头的宽度。提亮脸颊两侧、下巴两侧，以缓解尖瘦的感觉。多用浅色的粉底使轮廓变得饱满圆润。

（3）阴影部位。在颧骨两侧使用阴影色来削弱颧骨的高度，并修饰过尖的下巴。

（4）发型。前额的蓬松发型将上额两端加宽，从视觉上削弱颧骨的硬棱角，并使尖下巴变得圆润。

菱形脸型的修饰与矫正如图4-10所示。

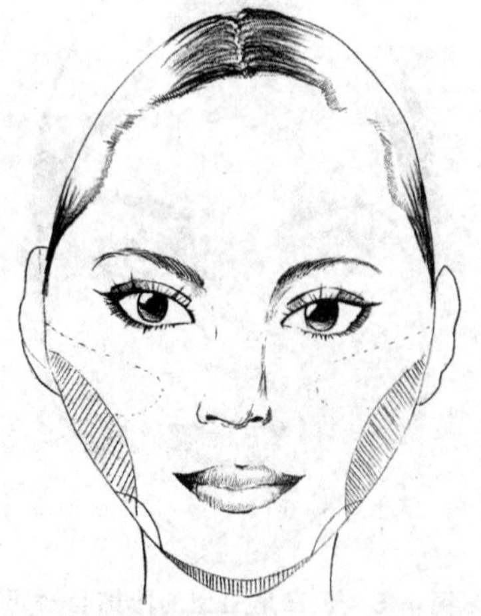

图4-10　菱形脸型的修饰与矫正

即学即练4-6

老师先示范菱形脸底色的塑造，然后安排学生两两互相练习，学生遇到问题可以向老师请教。学生将完成的效果拍照，并记录练习中遗漏的要点、遇到的问题和解决方案等。

四、底色与脸部结构的修饰

（一）脸部结构的立体感

面部凹凸立体结构同样影响着人的脸部轮廓美感。化妆是在脸上作画，其重要依据是面部立体结构的特点。

面部的凹凸层次主要取决于面部骨骼、肌肉、脂肪层。脸部的凹凸程度与骨骼的凹凸程度不完全相同。骨骼的大小、凹凸程度、脂肪层厚薄程度以及肌肉发达程度不同，会使人的面部有天壤之别。

1.脸部凸出的结构部位

额部、额丘（即额中间左右各一、呈圆丘状微凸）、眉弓、眶上缘、鼻梁、颧骨、颧丘、下颌角、下颌骨、下颏、下颏丘等。

2.脸部凹陷的结构部位

额沟（即额丘与眉弓之间的沟状浅阴影）、颞窝、眼窝（即眼球与眉骨之间的凹面）、眼球与鼻梁之间的凹面、鼻梁两侧、颧弓下陷、人中沟、颊窝、颏唇沟。

（二）底色对脸部结构的修饰

为了更好地塑造脸部立体感，收紧脸部轮廓，可以选择深浅不同的粉底。中度深浅的粉底为基底色，最接近自然肤色。较深的粉底有收敛作用，浅色的粉底有提亮作用。一般情况下，利用深色的粉底可以收缩脸部需要缩小或凹陷的位置，用浅色的粉底则可以强化脸部突出的结构，使脸型更完美或更立体。当然，粉底颜色可依据具体情况需要做出选择。

在基底色粉底涂抹之后还要涂抹亮色和阴影色粉底，强化立体效果。脸部两侧是最深色调，基本涂在发际、脸廓和下颌边缘，用海绵轻轻涂匀，呈现自然阴影，使脸庞轮廓更显分明。鼻子两侧、眼窝等是次深色调。对脸部凹陷面的刻画要小心处理，否则会有脏感或不健康感。如眼窝过凹容易显老，所以眼影深浅因人而异。亮色调塑造脸部结构需突出凸起的轮廓和脸部T字部位（额头、鼻梁、下巴、眉骨等是最亮处）。次亮色基本在两颊颧骨上侧、眼睛下方、外眼角外侧半圆形。如此一来，强调了脸部的立体感，使双颊线条立体、生动、凹凸有致。当然，还可根据化妆对象的脸型、脸部凹凸状况做更仔细的处理。

（三）如何矫正脸部立体感

当骨骼凹凸明显、肌肉不发达、脂肪层薄，面部结构就显立体。当骨骼凹凸不明显、肌肉发达、脂肪层厚，面部结构就不立体。对于女性来讲，面部结构立体时，面容趋于欧化、成熟、个性感，但棱角过于分明，会缺少柔美感。面部结构柔和时，面容显温和、甜美，但过于不明显时，则显得不够生动，甚至有肿胀感。西方人比东方人面部结构凸显，瘦人比胖人骨感、多棱角感。男女面部的立体结构也有很大差异，一般男性面部刚毅、硬朗，女性则柔和、圆润。随着年龄的增长，人在中老年时面部结构又会因为肌肉的萎缩和松弛、皮肤的衰老而逐渐发生变化。

下面是常见脸部结构问题的底色基本用法介绍，在化妆中不可只机械照搬，而是要根据化妆对象具体的面部条件举一反三、采取相应的技术处理，也要考虑产品和工具的特点以及妆型效果等的具体要求。

1.额颞部的矫形

额部平坦，微向上凸起，并柔和平稳地过渡到鼻根部，其弧度优美流畅，所形成的鼻额角为135°左右，从额部至鼻尖形成一条柔和自然的“S”形曲线，使容貌呈现起伏有致的曲线美。颞部则以自然丰满为宜。

（1）额部后倾：显得额头很平，缺乏立体感。需要在额部加强亮色的使用，特别是额上半部要重点提亮，使额头中央地带有向前突出的视觉效果。额头连接发际线处和额头连接发鬓角部位还是要有一些阴影过渡，让额头侧面向后退一些，这样至少从正面看，额头整体会变得很有立体感。

（2）额部前突：额部过于饱满外凸，需要在整个额头部位用深一些的粉底上色，或涂抹深色修容粉，使额部有后退的视觉效果。眶上缘的位置，也就是紧贴眉毛上部要提亮，使其视觉上比额头更为突出。

（3）额部起伏不平：一般是额丘过凸、眉弓高、额沟过凹，这样的结构较硬朗、男性化，若是女妆一般做弱化处理。需要用亮色提亮额沟，浅阴影收额丘和眉弓，但一定要注意过渡衔接自然。

（4）颞部过凹：颞部凹陷，面部棱角显露，显得苍老，失去青春活力，也会影响脸型美感。调整时，用提亮的方法使其饱满，与额部、颧骨自然衔接。

2.颧骨部位的矫形

颧骨位于面部1/3的两侧，是构成面部轮廓的主要框架结构，它通过与鼻、颞部和颊的关系来影响面部美。其位置和形态决定了人的脸型和容貌是否具有美感。由于东方人脸部立体感差，如果颧骨过高，会影响面部的柔和感，而加上颧弓过于突出，颞部和两颊会显得凹陷，还会形成菱形脸，影响脸型美观。不论是颧骨突出，还是颧弓突出，都可以通过底色的修饰进行适当改善。当然，发型也是调整轮廓美的好手段。

在突出的颧骨和偏宽的颧弓部涂以阴影色。在颞部、眼下方和两颊凹陷、颧弓下陷处涂亮色，外眼角外侧向上斜涂亮色。注意过渡，有减有加地进行结构的弱化。

3.下颏部位的矫形

下颏宜适度前突。下唇与颏之间有明显凹陷。颏颈之间宜有明显角度。侧面看，闭口时，唇前缘位于鼻尖与下巴前缘连线以内。

（1）下颏前倾：下颏前倾会造成嘴唇部位后缩，需要在下颏处用稍暗底色，加强下颏尖暗影，使下颏有后退的视觉效果。

（2）下颏后倾：下颏后倾会造成嘴唇部位前突，需要在下颏加强亮色的使用，并加重颏唇沟的阴影，使下颏有向前突出的视觉效果。还需要注意嘴唇的化妆不要太突出，唇色唇型都要弱化，不要引人注意。

任务实施

底色与脸型塑造实践演练

一、任务准备

1.将学生分成若干组，每组两人，每两组为一队。

2.学生各自完成日常护肤。

3.学生提前准备好妆前乳、粉底液、遮瑕膏、高光、阴影、定妆粉等化妆产品及工具。

二、任务要求

1.每队中一组进行上底妆训练；另一组做评分员，并承担视频录制任务。

（1）上底妆训练组中，两人轮流做化妆师。

（2）化妆师根据模特的肤质及肤色，选用合适的化妆产品。

（3）化妆师按照涂抹妆前乳→涂抹粉底→矫正脸型→定妆等步骤为模特化妆。

2.两组对调任务。

三、任务评价

1.每队的两组组员按评价表内容互相进行评价。

2.各组学生根据评价表及自身表现分析各自的优缺点，并针对失误之处提出改正方法，填在“个人评价”一栏中。

3.老师选出妆效最佳的一组，根据对应视频中的化妆手法和效果进行点评。

实训任务评价见表4-1。

表4-1　实训任务评价表

实训任务	底色与脸型塑造实践演练				
学生姓名	第（　）队 第（　）组				
要求	评价				备注
	组员1		组员2		
	是	否	是	否	
所选化妆品是否适合模特的肤色及肤质					
化妆工具是否使用正确					
妆前面部整理是否正确					
模特的脸型判断是否正确					
涂抹粉底的方向及手法是否正确					
脸部亮色结构表现是否正确					
脸部阴影色结构表现是否正确					
定妆是否合理					
步骤是否完整没有遗漏					
个人评价					

任务二 眼部化妆修饰技巧

◎ 任务目标

知识目标：

1．掌握眼部修饰化妆的比例关系；

2．掌握眼部修饰化妆方法及矫正化妆技法。

能力目标：

1．能用化妆技巧来塑造最好的眼型；

2．能用矫正化妆技法来修饰不标准的眼型。

素养目标：

1．培养学习者严谨、持之以恒的敬业精神，养成细致、耐心、认真的职业习惯；

2．具有良好的职业道德和职业素养。

知识准备

眼睛是面部的核心，是心灵的窗口，它能表达人们的喜、怒、哀、乐。运用丰富的色彩对眼睛进行修饰，能够体现整体化妆风格及韵味。腿部是面部最有感情表现力的部位，也是化妆中最微妙、最复杂、最不易掌握的部分，眼部的化妆修饰可以说是化妆基础中的重中之重。眼睛修饰的成败，也将影响化妆的整体效果，因此眼睛的修饰是化妆的重点。眼睛的修饰主要包括眼影的晕染、睫毛线的勾画和睫毛的修饰三步。

一、眼部的形态

眼睛是人体的视觉器官，眼的外部有上眼睑和下眼睑两部分。

（一）眼部的生理结构

眼睛由眼球和辅助组织构成。眼球是视觉器官的主要部分，位于眼眶内的脂肪组织中，由于脂肪组织的发达程度不同，眼球或者陷入眼眶内，如在一般面孔消瘦的人脸上所见的那样，或者是稍微向前突出而呈饱满状。

眼球的壁有三层膜：外层是巩膜（俗称眼白），中层为血管膜，内层为视网膜。巩膜经眼裂可见，巩膜在前方变成凸而透明的角膜。位于巩膜与视网膜之间的血管膜，在眼的前部构成经过角膜可以看到的所谓虹膜，虹膜含有染色物质——色素，色素决定着眼球的颜色。这种颜色包括从天蓝色到深褐色（接近黑色），通常所说的“蓝眼珠”“黑眼珠”“黄眼珠”即虹膜。在虹膜正中有一圆孔，称瞳孔，如照相机的光圈，可以调节进入眼内的光线。光线量大时，瞳孔就缩小；光线量很小时，瞳孔就张大。

（二）眼部的外表形态

1.眼部的构成

人的眼睛是脸部最吸引人的五官之一。眼部主要由眉毛和眼睛组成，它们能互相烘托，又彼此独立，不同形状的眉眼搭配会产生千姿百态的视觉效果。在眼部修饰中，眼睛处于主要地位，眉毛的形状和浓淡须与眼睛搭配协调，并根据眼睛的大小调整长宽比例。眼部的外表形态如图4-11所示。

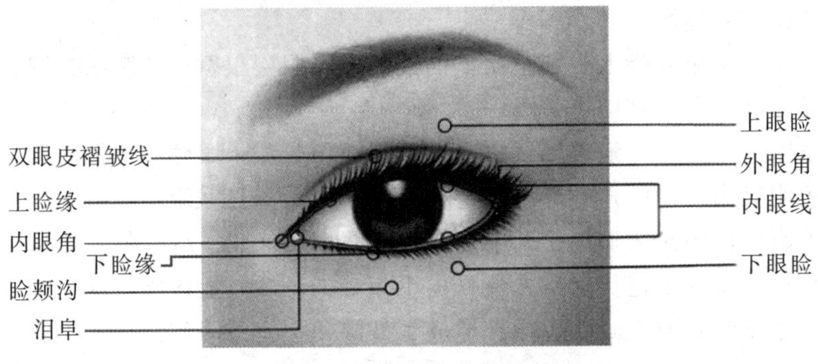

图4-11　眼部的外表形态

（1）眼睑：眼睛的外圈是眼睑（俗称眼皮），眼睑分上眼睑与下眼睑。

（2）睑颊沟：上眼睑以眉毛为界，下眼睑的下沿在颧骨与眼裂的中部，通常可以看到一个凹下的皱折，称为睑颊沟。

（3）眼部：指的就是上至眉毛、下至睑颊沟、内至眉鼻侧连线、外至眉梢下眼睑连线的中间部位。

（4）眼裂：上下眼睑之间的裂缝称为眼裂，也可以称作眼缝。眼裂两端，分别为眼内眦和眼外眦。

（5）眼角：在眶上缘和眼球之间存在着上眼沟。上下眼睑缘相连形成两个眼角。眼内眦（也叫内眼角）形成一个淡粉红色的凹陷——泪阜；眼外眦（也叫外眼角）形状较尖锐。

（6）睫毛：上、下眼睑的边缘各有一排睫毛，向外翘起，上睫毛长而密集，下睫毛短而稀少。睫毛不与眼球相接触，可以阻挡灰尘入眼，上眼睑的睫毛称上睫毛，下眼睑的睫毛称下睫毛。

（7）内眼线：上、下眼裂具有一定的厚度，有些人眼睛一睁大，就会看到上下睫毛内有一圈白线，称其为内眼线，这样的眼睛叫内眼线外露。

（8）双眼皮褶皱线：下眼睑的皮肤在内侧有一条细的皱襞，称下眼睑沟，人到老时皮肤松弛，此沟明显。上眼睑皮肤在睁眼时形成一皱襞，这条曲线称为重眼睑，又称双眼皮褶皱线，这道线一般越靠近内眼角越窄，甚至与内眼角重合，越靠近内眼角越宽。没有重眼睑者称“单眼皮”。

（9）眼轴线：从内眼角至外眼角所形成的一条直线，叫“眼轴线”。

眼眶中镶嵌着眼球，上眼睑覆盖在眼球上。我们可将上眼睑视为覆盖在半个球体上，眼睛化妆要以此为依据，充分体现眼部的转折与结构。

2.常见的眼部外表形态

（1）单眼皮。上眼睑处没有双眼皮褶皱线，或者双眼皮褶皱线太窄，眼睛闭合时是双眼皮，睁开后就成了单眼皮，这类眼睛一般称作单眼皮。单眼皮的上眼睑一般都皮肤较紧，或者有些浮肿，显得眼睛比较小，东方人这种眼睛形态比较多。

（2）双眼皮。上眼睑处的眼皮褶皱线明显的眼睛统称为双眼皮，分为内双眼皮和外双眼皮两种。内双眼皮的双眼皮比较窄，双眼皮褶皱线前半段不太明显，睁大眼睛基本与上眼线重叠。外双眼皮的双眼皮褶皱线都明显，双眼皮比较宽。

（3）长眼。长眼是指上眼裂呈现出半月状，弧度小，眼裂较长，但是很窄，眼睛显得细长，俗称眯缝眼。

（4）圆眼。圆眼是指上眼裂呈明显的圆弧形，眼裂很宽，使眼睛显圆，如果内眼角再不明显的话就是俗称的杏仁眼。

（5）吊眼。东方人一般眼轴线略向上倾斜，但是如果眼轴线的倾斜度过高，就形成了外眼角明显高于内眼角的形态，这称为吊眼，俗称丹凤眼。

（6）垂眼。内眼角明显高于外眼角，眼轴线向下倾斜，外形特征与吊眼相反，称为垂眼。这种眼型除了遗传因素之外，由于年龄的增长，上眼睑皮肤松弛，在外眼角部分遮盖了原来眼睛的上眼睑边缘，形成了外眼角下垂的眼型。

二、眼部的修饰技法

（一）眼线的修饰

1.眼线色

画眼线让眼睛边缘清晰，增强与眼白的明暗对比效果，以及眼睛的光彩和亮度。所以画眼线时一般多用深色的眼线，如黑色、褐色、深棕色等。需要特殊效果时还会用到彩色的眼线，甚至荧光的眼线。需要眼白更加清澈，会在下眼睑边缘内侧画上白色或浅蓝色的内眼线。

2.眼线位置

通常是在眼睑边缘的位置。在描画眼线时，眼线的长短、粗细要从实际需要出发，如无需矫正眼型，只要沿着睫毛根部描画即可。如需改变眼睛形状或使眼睛显大，则可抛弃原来的眼睑边缘，重新描画。常规的眼线如图4-12所示，拉长的眼线如图4-13所示，夸张的眼线如图4-14所示。

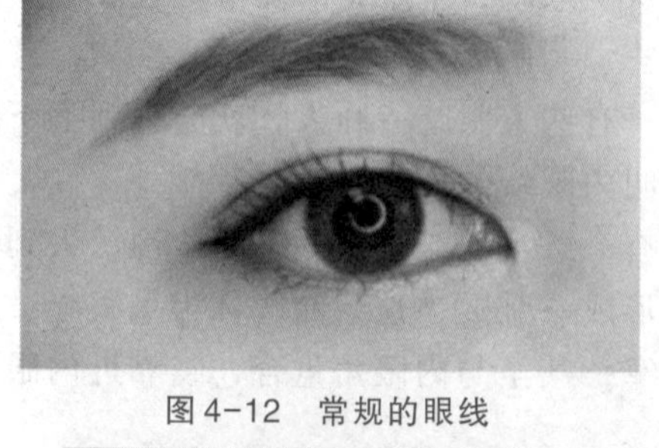

图4-12　常规的眼线

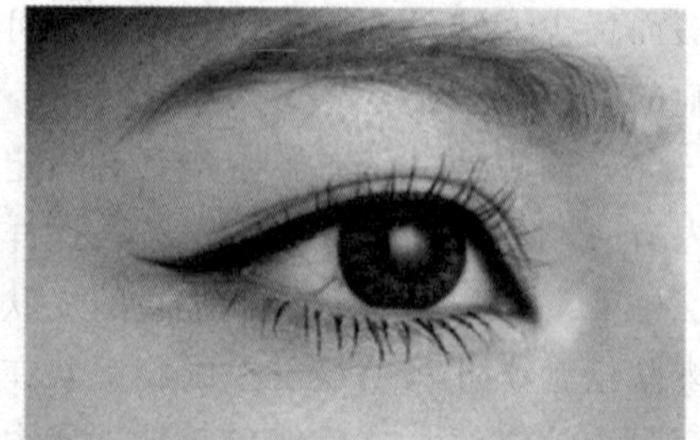

图4-13　拉长的眼线

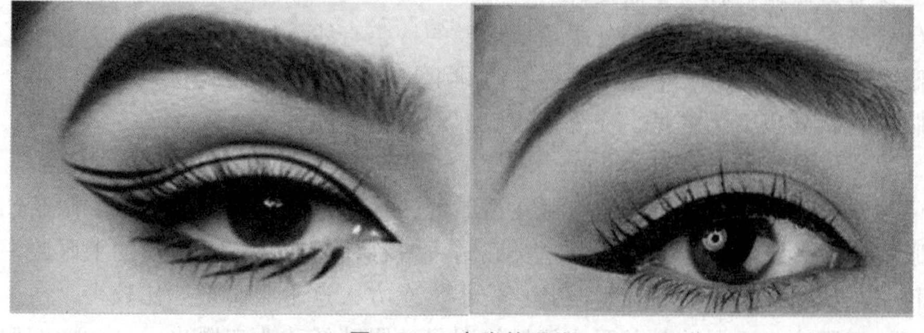

图4-14　夸张的眼线

（二）眼影的修饰

1.眼影的色彩

眼影是化妆时涂于眼睛周围的颜色，作为眼部的修饰，主要是强调眼部的结构，增加眼睛的神采、个性，并且可以起到改善、修饰眼睛形状，丰富面部色彩的作用。眼影色彩的选择与其他艺术设计中的色彩选择有所不同，其通常与人物角色、环境、身份、情境、肤色、服装色彩等分不开。眼影色有阴影色、亮色、强调色、装饰色等。

（1）阴影色：在希望显得凹陷的部位涂用的眼影色属于阴影色。阴影色的颜色有暗灰、深褐、深蓝、深蓝灰、紫灰、深棕等。

（2）亮色：希望眼部某个局部显高、突出、丰润而涂用的眼影色属于亮色。白色、淡粉色、灰白色、米色、浅黄色、加荧光的颜色属于亮色。

（3）强调色：阴影色、亮色及任何颜色都可以成为强调色。涂强调色的目的就是为了突出某个部位，使之成为引人注目的焦点。强调色的运用，关键在于色彩的比例搭配。如果几种颜色同时使用，明暗度、面积基本相等，就很难分辨什么是强调色。若在紫色眼影的铺垫下，在双眼睑中涂上一点金色眼影，这无疑是增强眼睛魅力的强调色。

（4）装饰色：现代化妆重视色彩的运用，那些为了装饰而运用的色彩属于装饰色，以体现个性，追求时尚。

2.眼影的修饰技法

知识点14 平涂法眼影修饰（微课）

（1）平涂法：指的是均匀、没有层次地在眼部涂抹眼影色（如图4-15所示）。平涂法分为单色平涂和多色平涂两种。平涂法操作简单，使用高明度的色彩，质地细腻有光泽，给人自然清新的活力感。而鲜亮的色彩平涂时显得装饰意味浓，眼影边缘处理不当时会显得死板不自然。

知识点15 晕染法眼影修饰（微课）

（2）晕染法：由较深的眼影颜色渐渐晕染过渡至较浅的眼影颜色，这种眼影修饰技法称为晕染法（如图4-16所示）。它讲究在眼影修饰时体现立体的素描关系，使整个眼部呈现出层次分明的明暗过渡效果，显得丰富多彩。晕染法分为横向晕染和纵向晕染两种。流行的烟熏妆也属于晕染法。

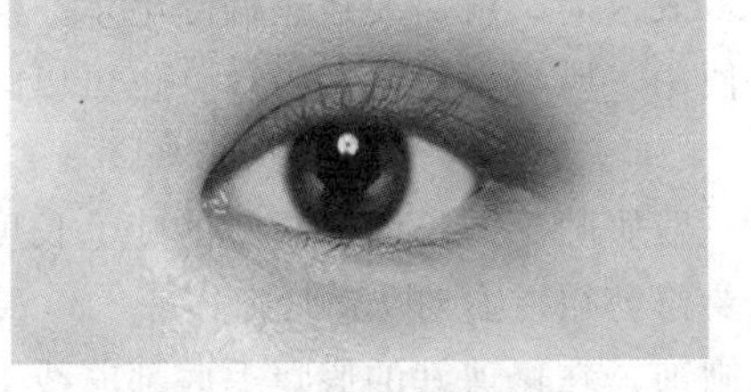

图4-15　眼影的平涂法

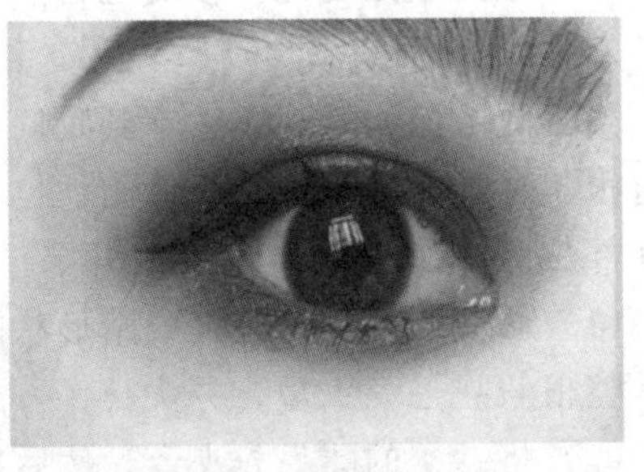

图4-16　眼影的晕染法

知识点16 结构法眼影修饰（微课）

（3）结构法：结构法是突出眼部立体结构的眼影修饰方式，常用于需要特别强调眼部的化妆时。其犹如把上眼睑当成一张白纸，利用绘画中的明暗对比关系，刻画出立体的眼部结构。结构法分为倒钩法（如图4-17所示）和假双法（如图4-18所示）两种。倒钩法强调的是眼窝结构，假双法强调的是双眼皮结构。

图4-17　眼影的倒钩法

图4-18　眼影的假双法

3.眼影的色彩搭配

眼影色彩的丰富有助于眼部的美化，但如运用得不恰当，反而会破坏整体的化妆效果。常用的眼影色彩搭配有四种：

（1）类似色组合：相同色系内的眼影颜色组合，主要是深浅的颜色运用，表现色彩明度的对比，如墨绿加草绿、黄色配金色等。

（2）相近色组合：相近色系的眼影颜色组合，可以避免同色系眼影搭配产生的单调感，如蓝色配紫色、黄色配橙色等。

（3）互补色组合：互补色系的眼影颜色组合，主要是冷暖色彩的运用，如橙色配蓝色、紫色配黄色等。

（4）多色组合：用多色眼影画眼妆时，一定要注意从整体效果出发。注意以下几点：第一，主色调的选择：颜色再多，应该有一个主色调，加上其他的颜色。第二，面积的对比：多种颜色的眼影组合在一起，若是每一种颜色的面积大小相等，就容易产生视觉上的散乱感觉。所以，主色调的颜色面积要大一些，其他色彩的面积作为陪衬与点缀。第三，明度的对比：多种颜色的眼影本身要有明度的对比，才能表现出眼部的主体结构。

（三）睫毛的修饰

1.真睫毛的修饰

浓密的睫毛不但会使眼睛更加有神，而且会为女性增添几分妩媚。睫毛并不是越长、越浓密就越好看，有时过长过密的睫毛会遮挡进入瞳孔的光线，使眼睛空洞无神。先要做的是用睫毛夹使睫毛自然卷翘起来，然后根据需要刷上各种睫毛膏。

2.假睫毛的运用

当真睫毛的修饰还是达不到我们所需的艺术效果时，就需要运用假睫毛了。假睫毛有很多种类，既可以整个使用，也可以剪断使用，既可以只用后半段，也可以只用中间部位。方法步骤如下：

（1）修剪假睫毛。根据眼睛形状的需要，一般假睫毛的长度比眼睛的睫毛长度长些，整根假睫毛一头短，一头长，一副假睫毛要修剪得左右对称。

（2）将真实的睫毛先夹弯，然后用睫毛膏刷饰。在修剪好的假睫毛底部缝线上涂上化妆黏合剂，注意不要碰到睫毛。

（3）将假睫毛紧贴着睫毛根部粘上，或者粘贴在修饰过的眼线中间部位。注意一般睫毛短的一端粘贴在内眼角处，较长的一端粘在外眼角处。粘贴时从内眼角处往外眼角处粘贴。

（4）待化妆黏合剂完全干后，用睫毛膏在假睫毛的里侧向上涂，使真假睫毛黏合在一起，这样更具有真实感；否则，从侧面看可能会产生两层睫毛的效果。

（5）根据表演的需要，可以使用各种不同形状、不同色彩的夸张假睫毛。

（四）双眼皮的塑造与眼部形状修饰

双眼皮能让眼睛形状更大更迷人，理想的双眼皮造型是人们日常美容中的重要部分，也是化妆师必须掌握的技术。双眼皮造型的手法一般为粘贴双眼皮和描画假双眼皮两种。明显的双眼皮在内眼角上方已经产生，被称为外双，与眼线大致平行。不明显的双眼皮称为内双，褶皱缝隙小，与内眼角眼线重合，若要利用眼线扩大眼睛形状，则需要把双眼皮和眼线分开，贴出外双效果。

1.粘贴双眼皮

用美目贴改变眼睛形状，是依靠贴在上眼睑的硬质薄膜，将眼皮向上推挤，形成皱褶，以此来扩大双眼皮的宽度，改变眼部形态。粘贴美目贴时需要依据不同类型的眼睛针对眼皮的不同位置进行，眼部皮肤薄而松弛的人，最适合使用美目贴，不但双眼皮粘贴效果好，而且能除去多余的褶皱线，紧致眼部外观。化妆师在操作时须根据客人的眼部结构来修剪美目贴的形状，将它贴在合适的部位，塑造美丽的双眼皮。

（1）美目贴的特点及使用注意事项。粘贴双眼皮最常用的材料是美目贴，分为胶纸、绢纱、胶带、隐形、双面等多种，是专门用来粘贴眼睑的胶带，一面自带粘胶，具有一定硬度，能将上眼睑的皮肤向上撑起，形成褶皱。美目贴最好是在化妆前进行粘贴，这时皮肤还没有上粉底，黏合剂接触皮肤会比较牢固，如果在上完底色后粘贴，眼皮出油出汗会容易脱妆，需要另外使用黏合剂加固。

粘贴美目贴时，为了避免胶面沾上粉质而脱落，可先用棉签擦去粘贴部位的粉底，然后着手粘贴。美目贴也可以在化妆前粘贴，再涂抹底妆。

（2）美目贴的使用。

①眼皮薄并且有些松弛的人，用美目贴粘贴双眼皮的成功率大、效果好。

②本来是双眼皮，但褶纹不深或眼型不理想，用美目贴加深双眼皮或加大双眼皮，可以取得比较理想的效果。

③眼睛一单一双，或一个内双一个外双，可用美目贴将单眼皮粘贴成双眼皮效果，或内双粘贴成外双效果，使眼睛基本对称。

④眼睑上有好几层褶皱，用美目贴粘贴后，可以除去多余的褶皱，形成清晰的双眼皮效果。

⑤上眼皮松弛或外眼角下垂，可以用美目贴改变眼睛形状，将松弛的眼皮提起来，使眼睛显得年轻、精神、黑白分明。

⑥过紧的眼皮，特别是肿眼皮，由于没有形成眼皮褶皱的余地，粘贴成功率较低。在这种情况下，不要指望用美目贴把单眼皮变成大双眼皮，最多变成内双。

⑦在影视化妆中，要使用特制的细纱粘贴眼皮，因为美目贴会反光而在镜头中穿帮。

（3）美目贴的粘贴技法。

①对着镜子查看上眼睑，用一个小发夹或牙签，在上眼睑边缘上方推顶眼皮，看是否能形成褶皱，能形成褶皱的，粘贴美目贴容易成型。如果仅仅能起很浅的褶皱，粘贴就比较困难，一般只能贴成内双。用这样的方法确定粘贴的美目贴的形状、长

度、宽度。

②使用美工刀和弯头小剪刀，按上述确定好的形状、长度、宽度，修剪出所需要的美目贴。

③粘贴时化妆对象闭上眼睛，用手指轻轻将上眼皮往上推，在刚才试验的位置贴上美目贴，然后将推上去的眼皮放下，这样就形成了双眼皮。

④为避免美目贴产生反光，可以在贴好的美目贴上轻拍上一些粉，或者涂上眼影色，这样就可以使粘贴成的双眼皮既自然又漂亮。

（4）利用美目贴调整眼型的方法。

①双眼皮加厚的粘贴方法：在描画粗眼线之前，需要将原本外双的双眼皮加厚，将美目贴均匀地粘贴在眼珠正上方部位，紧贴双眼皮褶皱线，给描画粗眼线留出余地。刚贴好的眼睛会显得肿厚缺乏神采，在粗黑的眼线和浓密睫毛的修饰之下，结合眉毛的描画，就会形成有神的眼睛。

②内双变外双的粘贴方法：内双眼皮在内眼角处会合，至眼部中央才开始逐渐显现，伸缩性强，外观间距细窄，眼线较难描画，容易晕妆，粗细掌握不好容易形成单眼皮的效果。贴时须将剪裁好的美目贴紧挨着双眼皮褶皱线的上方近内眼角部位作局部粘贴，撑起双眼前半部分，使之呈外双状态，给眼线描画留出空间，便于眼睛形状的塑造。

③提高外眼角的粘贴方法：眼尾下垂的眼睛看上去肌肤松弛，显得没有精神，需要用美目贴来矫正结构。操作时将剪裁好的美目贴紧贴双眼皮褶皱线的上方近外眼角部位，撑起双眼皮的后半部分，使之上翘，然后用在外眼角增粗的眼线来修饰，矫正成平行四边形的理想眼型。

④提高内眼角的粘贴方法：眼角上扬的眼睛具有古典美，但过分上扬会显得太凶。因此，需要提高内眼角的高度来缓解眼部过于上扬。操作时先把美目贴剪得厚一些，紧贴双眼皮褶皱线的上方近内眼角部位做局部粘贴，明显提升内眼角上方的双眼皮形状，再用前粗后细的眼线修饰，让结构和妆面结合自然。这种手法一般用于改善过于上扬的眼睛形状，使之柔和，或用于塑造类似西方人的略微下垂的大眼睛形状，显得善良可爱。

2. 描画假双眼皮

美目贴对一些眼部皮肤紧致、脂肪丰厚的单眼皮眼睛很难发挥作用，若要呈现双眼皮效果，则需要通过绘画的方式来达到。描画假双眼皮的方法如下（效果如图4-19所示）：

图4-19　描画假双眼皮的方法

（1）首先，让客人眼睛平视前方，用削扁的棕色眼线笔在上眼睑画出双眼皮线。

（2）然后，用干净的小眼影刷侧锋将线条上缘向上刷开，形成柔和的过渡效果，过渡面要窄。若线条色彩不够，可以佐以棕色眼影粉。

（3）最后，在近内眼角处的双眼皮线与眼线之间的区域提亮，并向两边过渡。提亮的中心点在眼珠斜上方，衬出双眼皮线的对比度和清晰度，与眼部结构相吻合。

三、各种眼型的修饰与矫正

（一）单眼皮的修饰与矫正

单眼皮本身并没有好看难看之分，关键是看脸部五官的整体比例，如果希望改变单眼皮的形象，有以下几种方法：

（1）如果眼皮较松、较薄，能贴美目贴修饰成双眼皮最好，特别是一些上眼睑边缘被遮挡住的眼睛，贴上美目贴后尽管还是单眼皮，但上眼睑边缘轮廓出来了，才能有地方画上眼线，可以使眼睛变得有神。

（2）加宽眼睑边缘的厚度，在上下眼睑的边缘画上略粗的眼线，并且紧贴眼线涂上深色眼影，可以使眼睛的轮廓显得大而丰富。

（3）适当增加眼裂的长度，上下眼线在外眼角处顺势略作延长，逐渐消失。

（4）在内双褶皱内涂深色眼影，然后用晕染法逐渐向上过渡。

（5）可以用睫毛液或假睫毛，增强眼睛的立体感。

（二）长眼睛的修饰与矫正

长眼睛有时很迷人，有独特的美感。但不要盲目地去画大，那样会很不自然；如果需要改变细长眼睛，可以用以下三种方法：

（1）强调眼睑的边缘线，即用画眼线的方法使眼裂放宽。但是如果长眼睛是内双的话，则可用美目贴把双眼皮先贴宽一些，便于画上眼线。上眼线选用深色系，从眼头到眼尾画满，并在眼球的位置，即上眼线中央部位加粗，眼尾处眼线千万不要延伸，可在不到外眼角处稍稍起翘。在下眼线外眼角处加粗，并用浅色画内眼线。下眼线不必与上眼线会合，以免将眼睛框得很死板。

（2）从上眼睑边缘开始涂深色眼影，慢慢向眉毛处过渡。眉毛不要描得太粗或者太深，也不要与上眼线的弧度一致，这会使得眼睛在与眉毛的对比之下显得更加小而细长。眉毛作为眼睛的陪衬，可修饰得纤细、自然些。

（3）可以贴上一副假睫毛，使眼睛看上去显得大而亮。但是注意千万不可再贴斜向的假睫毛，那样会使眼睛显得更长。

（三）圆眼睛的修饰与矫正

圆眼睛给人清纯、机灵的感觉，但有时也会显得不够成熟，若能拉长一些，则会更加吸引人。

（1）用眼线适当修饰延长内外眼角的长度，瞳孔上方的眼线保持原有的宽度，瞳孔外侧至外眼角眼线逐渐加宽延长，眼线的尾部略微向上挑。要把握好分寸，拉得太长会显得太假。一是用深色眼线笔沿上眼睑轮廓边缘向前下方延伸，二是需要一个尖的转折和原来的内眼角下眼睑轮廓边缘相接。

（2）内眼角和外眼角处的眼影最深，适合横向的眼影晕染法，拉长眼型。眉毛不宜描得太弯，适合带些棱角的眉型，眉峰位置也不适合在瞳孔上方，建议往后移一些。

（3）适合贴斜向的假睫毛，那样会使眼睛显得长一些。

（四）吊眼的修饰与矫正

吊眼外眼角略向上，能使人显得精神、有特点，而且很东方。但有时也容易给人严厉的感觉，如果想要缓和一些，需要用化妆技法加以改变。在化妆之前，首先要从整体上观察，看是改变内眼角有利，还是改变外眼角有利，或是由两个部位配合改变。

（1）如果吊眼是严重的内双，会没有地方画内眼角处的上眼线，需要修剪一条前粗后细的美目贴，先把内双眼皮贴成外双眼皮，再画上眼线。

（2）画上眼线时，加宽内眼角处的眼线，至眼睛中间逐渐变细，到外眼角时向下拉。画下眼线时，从外眼角睫毛根部起由粗变细，渐渐往内眼角方向，收在瞳孔下方。

（3）加重内眼角上方的眼影，适合横向的眼影晕染法，至外眼角处向下晕染。

（4）用睫毛液多次刷染内眼角及眼睛中间部位的睫毛，增强内眼角部位黑白对比的立体感。

（五）垂眼的修饰与矫正

眼睛下垂得太厉害会使人觉得衰老、无精打采。垂眼的修饰与矫正可以采用以下方法：

（1）垂眼如果是双眼皮，而且是前宽后窄的双眼皮，双眼皮褶皱线向下。需要修剪一条前细后粗的美目贴，先把双眼皮贴得平缓些，改变眼睛的形态。如果眼皮特别松弛挡住了外眼角，就先用美目贴将外眼角下挂的眼皮撑起来。

（2）垂眼不仅是本身的眼睛轮廓下垂，还有外眼角的皮肤延伸处有深色的阴影凹陷。所以必须先用亮色的粉底或遮瑕膏提亮发暗下垂的外眼角延伸线，再用眼线笔在上眼睑边缘画一条前细后粗的眼线，到外眼角处自然地向上挑。下眼线从中间部位开始描画，沿着下睫毛根部向外眼角延伸，并与上眼睑的眼线自然会合，形成新的外眼角。

（3）上眼线在外眼角处向上挑起后，使原来的眼睑缘与新画的眼线之间形成一个角度，在这个角度内涂上浅色眼影可以衬托出上眼线，使外眼角明显抬高。在新画的上眼线上方涂深色眼影，使眼线与眼影融合在一起，新的外眼角便更具真实感。

（4）用睫毛夹将外眼角部位的睫毛夹卷成形，然后涂刷睫毛膏。向上翘立的浓黑睫毛，除了能使往下挂的眼角有所改观外，还能在一定程度上遮盖上眼睑的化妆痕迹。如果粘贴假睫毛的话，注意千万不可再贴斜向的假睫毛，那样会使眼睛看上去更加下垂。

（六）凹陷眼的修饰与矫正

由于眼睑部皮下脂肪薄，使眶上缘明显突出，眼窝出现凹陷的结构。这样的眼睛显得老气，特别是在东方人的脸上。

（1）欲使眼睛显得丰满，首先要用色彩来调整结构。在凹陷的眼窝处涂浅红色眼影或浅色珠光眼影，由于暖色和亮色具有扩张感，因此会使凹的部位显丰满。但不要将这种浅亮色眼影涂在眶上缘，而应减弱这个部位的明亮度，使眼窝和眼眶的明暗反差消失，产生丰润的感觉。

（2）凹陷眼型的眼线不宜过细，内眼角与眼尾处眼线偏淡，整个眼线的色彩最好由深浅两种颜色组成，靠近睫毛根部用黑色，黑色的上面用咖啡色晕染过渡，形成一条饱满自然、有立体感的眼线。眉毛和眼睛的化妆，应配合色彩的运用效果，眉头及内眼角不要描画得太深，鼻侧影也不宜涂深色，这样可使眼窝部位的色彩反差减弱，显得柔和饱满一些。

（3）勾画平行四边形的眼睛轮廓，配上凹陷的眼窝结构，干脆勾化整个眼部，当然要配上立体感强的脸部结构，整个人就协调了，这适合年轻人。

（4）增强睫毛的立体感，浓密的睫毛也会使人的注意力转移到眼睛本身的轮廓上去，而不去注意凹陷的眼窝。

（七）肿眼泡的修饰与矫正

上眼睑的皮下脂肪过于丰满，俗称肿眼泡。上眼睑的鼓突，使得眉弓、鼻梁、眼窝之间的立体感减弱，也影响眼睛的美感。要改变肿眼睛的形象，可以将眼下方、眶上缘、眉弓、外眼角外侧用提亮色提亮，还可以用下面三种化妆技法来修整：

（1）重点刻画眼线，用眼睛的明亮神采来减弱眼睑浮肿。

（2）用冷灰色调涂于上眼睑浮肿处，如蓝灰、紫灰、绿灰等色。冷色和纯度低的灰色在视觉感受上有收缩、后退的效果。用提亮色眼影涂于外眼角和眉梢的连线位置，因为肿眼泡在这个位置会有自然的阴影，必须弱化它。

知识点17

眼睛的修饰手绘效果图（微课）

（3）避免弧度较大的眉型，那样会加重肿眼泡的效果，适合带些棱角的眉毛。睫毛自然柔和，避免太过增强睫毛的立体感，那样也会带动整个眼部向前突起。

即学即练4-7

老师先示范眼部化妆修饰，然后安排学生两两互相练习，学生遇到问题可以向老师请教。学生将完成的效果拍照，并记录练习中遗漏的要点、遇到的问题和解决方案等。

任务实施

眼部的修饰化妆实践演练

一、任务准备

1.将学生分成若干组，每组两人，每两组为一队。

2.学生各自完成妆前护肤。

3.学生提前准备好妆前乳、粉底液、遮瑕膏、高光、阴影、定妆粉、眼影等化妆产品及工具。

二、任务要求

1.每队中一组进行眼睛化妆训练；另一组做评分员，并承担视频录制任务。

（1）在眼睛化妆训练组中，两人轮流做化妆师。

（2）化妆师根据模特的肤质及肤色，选用合适的化妆产品。

（3）化妆师按照涂抹妆前乳→涂抹粉底→矫正脸型→定妆→眼睛修饰等步骤为模特化妆。

2.两组对调工作。

三、任务评价

1.每队的两组组员按评价表内容互相进行评价。

2.各组学生根据评价表及自身表现分析各自的优缺点，并针对失误之处提出改正方法，填在“个人评价”一栏中。

3.老师选出妆效最佳的一组，根据对应视频中的化妆手法和效果进行点评。

实训任务评价见表4-2。

表4-2 实训任务评价表

实训任务	眼部的修饰化妆实践演练				
学生姓名	第（ ）队 第（ ）组				
要求	评价				备注
	组员1		组员2		
	是	否	是	否	
所选化妆品是否适合模特的肤色及肤质					
化妆工具使用是否正确					
妆前面部整理是否正确					
模特的脸型判断是否正确					
面部底色塑造手法是否正确					
眼部修饰化妆的方法是否正确					
眼线描画是否对称、适合眼型					
美目贴使用方法是否正确					
睫毛的修饰手法是否正确					
定妆是否合理					
步骤是否完整没有遗漏					
个人评价					

任务三 眉毛化妆修饰技巧

◎任务目标

知识目标：

1.掌握眉毛修饰化妆的比例关系；

2.掌握眉毛修饰化妆方法及矫正化妆技法。

能力目标：

1. 能用化妆技巧来塑造理想的眉型；

2. 能用矫正化妆技法来修饰不标准的眉型。

素养目标：

1. 具有良好的职业形象及以人为本的服务意识；

2. 具有良好的身心素质和人文素养。

知识准备

眉毛，古人称为“七情之虹”，眉毛在面部审美中的重要性可见一斑。我们在美容化妆技术中无法完全改变脸型、眼睛、嘴唇等部位，但是我们完全可以重新塑造眉毛。

一、眉毛的形态、结构与功能

（一）眉毛的形态

眉是位于眼眶上缘，起自眼眶的内上角，沿着眶上缘至外上角止，向外略呈弧形分布的一束毛发。眉的内端称眉头，近于直线状。外侧端为眉梢，也近于直线状，稍细略呈弧线状，弧线的最高点称眉峰。眉头与眉梢之间称为眉腰，大多数人的眉腰在整根眉毛中的色彩最深。

（二）眉毛的生理结构

眉毛的自然生长规律是由一根根短毛，分上、中、下三层交织相互重叠而成。眉头部分扇形生长，眉头部位的眉毛斜向外上方生长。眉头部分色淡而宽阔。眉峰至眉梢部分基本一致斜向外下方生长，眉腰部分的眉毛较浓密并且毛长重叠，大体是上列眉毛向下斜行，中列眉毛向后倾斜，下列眉毛向上倾斜生长。眉毛的上述长势和排列，使眉头颜色重于眉梢，而眉腰颜色最深，上下左右较淡。因此，整体观察，眉的颜色应浓淡相宜、层次有序，富有立体美感。

画眉毛时，一定要根据眉毛浓淡的层次规律画，这样才能使眉毛显得真实而生动。眉毛的高低、长短、粗细、光泽、颜色的深浅，眉峰的明显程度与形状等都因人而异，会因人的种族、性别、年龄及遗传因素而有很大的差别。儿童的眉毛细而短，颜色灰浅，成年后眉毛颜色加深。男性眉毛粗而密，女性则细而稀疏，人在老年时眉毛也可能变白。

眉毛属硬质短毛，密度为50～130根/平方厘米。面部许多表情肌与眉部可以活动的皮肤相连，所以眉毛可被牵引向上向下或向中线活动。通常两眉头之间是平滑无毛的眉间，有时可有稀而短的毛把两眉连接起来，此种眉毛俗称“连心眉”。

眉头的色泽深浅与全身色素代谢有关，其中尤以与丙氨酸、络氨酸经过代谢而形成的黑色素关系密切，因此平时多食用蔬菜、豆类制品可增加眉毛的黑度。病理状态下如白化病、白癜风、斑秃、原田氏病甚至交感性眼炎等可使眉毛部分或全部变白。

（三）眉毛的组织结构

眉部的组织结构与头皮相似，从前向后可分为五层：

（1）皮肤层：厚且移动范围大；分布有丰富的皮脂腺、汗腺，有大毛囊并与肌纤维相连。眉部皮肤与头皮一样，与浅筋膜紧密粘连，皮肤生有浓密的硬质短毛。

（2）皮下组织层：此层与头皮一样有少许脂肪和许多纤维组织。其表面与皮肤、下面与肌肉均紧密连接。故当眉毛运动时，皮肤、皮下组织和肌肉皆在肌下蜂窝组织上移动。

（3）肌肉层：由纵行的额肌纤维、横弧形的眼轮匝肌纤维和斜行的皱眉肌及降眉肌纤维组成。来自额肌的纵行纤维，向下附着到眉的皮肤上，混入眼轮匝肌和皱眉肌纤维中，收缩时使眉毛上提，协助提上睑肌增大睑裂，故眼睑下垂时额肌代偿收缩可致耸眉，额纹加深。临床上常用额肌力量来矫正睑下垂。在面部表情方面，额肌被形象地称为“注意肌”。当有惊讶、敬佩、惊恐、忧郁等情绪变化时，额肌则发生收缩。如果眉上提、眼睑半睁，则显示出专心注意的表情。

①眼轮匝肌纤维（眶部）环形排列，其作用为向下牵拉眉部，以协助眼睑闭合。

②皱眉肌是一块较深层的肌肉，位于眉内端，为额肌、眼轮匝肌所覆盖。皱眉肌起始于眉脊的内端，向上向外斜行穿过其前方的肌肉，附着于眉中部的皮肤上。肌肉的作用是将两眉向鼻根部牵引，于内眦上方形成隆起，在额下部正中，形成两条特殊的纵行短沟。皱眉肌常与额肌内端、降眉肌联合收缩，使眉呈现出特殊的倾斜位。在表情方面，皱眉肌的收缩表示烦恼、不高兴、痛苦，在小儿啼哭时表现最为明显。

（4）肌下蜂窝组织层：向上与头皮相应层次相连接，因为额肌不是附着在睑眶上缘，所以肌下蜂窝组织向下连接于上睑眶隔的眼轮匝肌之间。

（5）颅骨膜：是一层致密纤维结缔组织，覆盖于骨表面。

（四）眉毛的功能

（1）眉毛具有保护眼睛的作用。眉毛是保护眼睛的一道天然屏障，能够防止来自眼睛上方的汗水、雨水、灰尘、异物的刺激，对眼睛有很好的保护作用。

（2）眉毛具有美观的作用。“须教碧玉羞眉黛，莫与红桃作麹尘”，不同的眉型反映了不同的情态，使脸更具立体感。秦朝流行“蛾眉”，汉代崇尚“八字眉”，唐代以柳叶眉和弯月眉最受青睐，明清则以纤细弯曲的眉毛为美并延续至今。

（3）眉毛可以强化面部表情。受挫时愁眉不展，顺利时眉开眼笑，得意时喜上眉梢，腾达时扬眉吐气，爱恋时眉目传情，散伙时横眉怒目，老年时慈眉善目。

（4）眉毛可以表露心情个性。眉毛粗短者，一般性急易怒；眉毛细长者，多数性格温柔，反应迟缓。八字眉者，多怯弱；V字眉者，多凶悍；扫帚眉，多数性格狡黠；眉距宽者，一般胸怀宽广；眉间窄者，多好猜疑。

（5）眉毛可以反映人体健康状况。《黄帝内经》云：“美眉者，足太阳之脉血气多，恶眉者，血气少也”。眉毛浓密，气血旺盛、身强力壮、身体健康；眉毛稀疏，气血衰弱、多病缠身；脱眉少毛，未老早衰；眉梢枯焦者，男性神经衰弱，女性月经失调。眉毛与健康息息相关，拔眉、文眉得不偿失，轻则毛囊炎、蜂窝组织炎，重则会伤及神经血管，引发视力问题。

二、眉毛的外表形态分类

（1）平眉：眉头、眉峰、眉尾基本在同一直线上，显得自然整齐，青春中充满帅气。

（2）直眉：直展的眉头、眉峰、眉尾基本在同一斜线上，眉尾明显上扬，此眉型彰显刚强的个性。

（3）柳叶眉：纤细秀美，弧度柔和流畅，体现女性的柔美。

（4）棱角眉：是柔中带刚的眉型，显示女性外柔内刚的特性。

（5）挑眉：是指眉峰高挑，拥有此眉型的女性显得冷艳高贵。

（6）弯眉：是指眉头低、眉尾高，眉峰自然弯曲，具有女性的妖娆魅力。

（7）粗眉：是指眉型自然、凌乱，没有太多的修饰，显得青春、活泼、随性。

（8）倒挂眉：也称八字眉，眉头高、眉尾低，眉型下挂，看上去悲观、易受伤害。

三、眉型设计

眉型设计是化妆的关键步骤，其中蕴藏着化妆师的审美能力、心理学素养和美术功底等。因为画眉不仅仅是要加重眉毛的色泽，更重要的是通过画眉扬长避短，体现眉在面部的协调作用，以达到增添容貌美的效果。因此眉型的设计是画眉操作过程中重要的步骤之一，必须综合脸型、眼型、年龄、职业、气质、性格、肤色、发色等众多因素，全面考虑，千万不能墨守成规，千篇一律。

知识点18

眉毛修饰（微课）

设计前要充分听取求美者的意见，在设计过程中，应尊重求美者的爱好和审美观，在双方共同商讨的基础上加以指导，这样才能设计出理想的眉型。但化妆师绝不能随意附和个别求美者不合理的要求，或者盲目接受社会上流行的时髦眉型，应具有高度的责任感，担负起指导作用。

（一）标准眉型的确立

眉毛的形状是否标准，主要是看与眼睛搭配得是否恰当，与五官组合得是否协调，以及与脸型配合得是否到位，此外也有表现个性等方面的内容。这里所指的标准，主要以眉毛的个体而言，不存在与其他部位的关系。审视眉毛的长短、疏密、粗细、深浅，有时代、民族、年龄及个人的爱好和审美趣味等一系列的影响因素，但就审美的共性而言，眉型还有为大多数人能共同接受的标准。人们在多年的审美实践中，认为标准眉型（如图4-20所示）应符合以下条件：

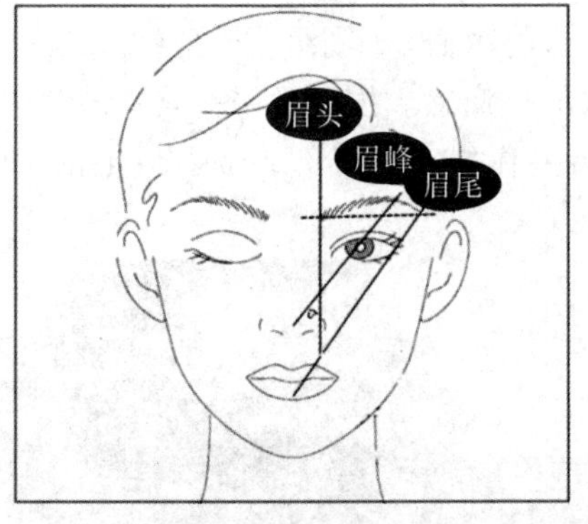

图4-20　标准眉型

（1）将眉毛平均分为三等份，即眉头至眉腰、眉腰至眉峰、眉峰至眉梢三部分均等。

（2）眉头：位于内眼角正上方，在鼻翼边缘与内眼角连线的延长线上。两眉头间距近于一个眼裂长度。

（3）眉梢：稍倾斜向下，其末端与眉头大致应在同一水平线上，眉梢的尽头应在鼻翼外侧至外眼角的延长线上。

（4）眉峰：位置应在自眉梢起的眉长1/3交界处，或者以同侧鼻翼经平视时角膜外缘的延长线为标准。

（二）修眉的步骤与方法

1.修眉的步骤

（1）对眉毛及周围皮肤进行清洁。

（2）根据眉毛的自然条件，确定眉毛各部位的位置。

（3）选用修眉用具，修去眉型以外多余的眉毛。

2.修眉的方法

修眉时要根据所使用用具的不同，采用不同的修眉方法。一般来讲有三种修眉方法：剪眉法、拔眉法、剃眉法。

（1）剪眉法：是用眉剪对杂乱多余的眉毛或过长的眉毛进行修剪，使眉型显得整齐。修剪时，先用眉梳或小梳子根据眉毛生长方向，将眉毛梳理成型，然后将眉梳平着贴在皮肤上，用眉剪修剪时从眉梢向眉头逆向修剪。眉梢可以稍短一些，眉峰至眉头部位除特殊情况外，不宜修剪，这样可以形成眉毛的立体感与层次感。剪眉法如图4-21所示。

图4-21　剪眉法

（2）拔眉法：是用眉镊将散眉及多余的眉毛连根拔除。拔眉前用毛巾热敷，使毛孔扩张，降低拔眉时皮肤的疼痛感。拔眉时用一只手的食指和中指将眉毛周围的皮肤紧绷，另一只手拿着眉镊夹住眉毛的根部，顺着眉毛的生长方向，将眉毛一根根拔掉。拔眉法如图4-22所示。

图4-22　拔眉法

采用拔眉法进行修眉，其最大的优点是修过的地方很干净，眉毛再生速度慢，眉型保持时间相对较长。不足之处是拔眉时有轻微的疼痛感。长期用此方法修眉，会损伤眉毛的生长系统，使眉毛的生长速度减慢，甚至不再生长。

（3）剃眉法：是用修眉刀将不理想的眉毛刮掉，以便于重新描画眉型。刮眉时，用一只手的食指和中指将眉毛周围的皮肤紧绷，另一只手的拇指和食指、中指、无名指固定刀身，修眉刀与皮肤呈45°，这个角度不易伤及皮肤。刮眉过程中手握修眉刀要稳，从而保证修眉刀的安全性和准确性。剃眉法如图4-23所示。

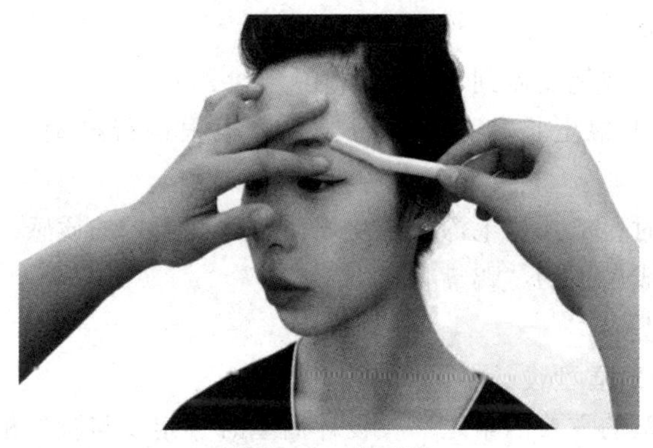

图4-23　剃眉法

剃眉的方法比较简单，操作时皮肤没有疼痛感。但眉毛刮掉后很快又会长出来，而且重新长出来的眉毛显得更粗硬。

（三）画眉的方法与步骤及注意事项

1.画眉的方法

眉型设计的基本法则是五点定位画眉法（如图4-24所示），任何一个眉型变化都是在这五点上变化而来的。

（1）上眉头、眉峰、眉尾三点定好位后，确定下眉头和眉心，这五个点中任何一点的位置变化都会影响对称度。

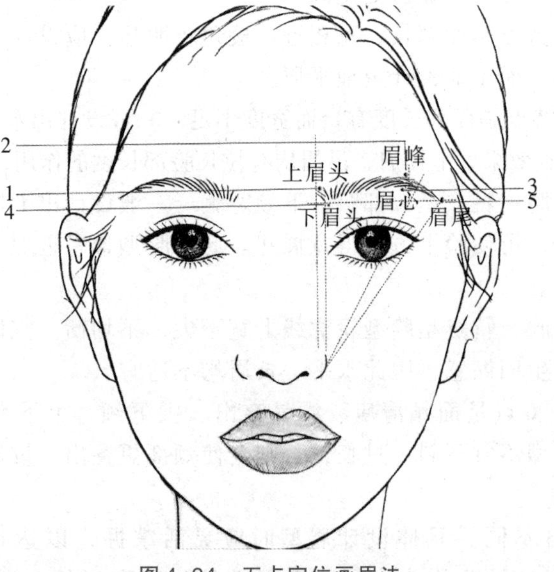

图4-24　五点定位画眉法

（2）五点确定好后，需要观察点与点的弧度是否对称。若还是不够对称，就需要观察客人的面颅骨、眉肌、太阳穴的差异，以正面视觉来进行合理的调整。

2.画眉的步骤

（1）从眉腰入手，顺着眉毛的生长方向，描画至眉峰处，形成上扬的弧线。

（2）从眉峰处开始，顺着眉毛的生长方向，斜向下画至眉梢，形成下降的弧线。

（3）由眉腰向眉头处进行描画。

（4）眉毛画完后用眉刷进行刷眉，使其柔和流畅。

3.画眉的注意事项

（1）画眉毛时，握笔要做到“紧拿轻画”。

（2）眉毛是一根根生长的，因此眉毛要一根根进行描画，从而体现眉毛的空隙感。

（3）描画眉毛时，注意眉毛深浅变化规律，体现眉毛的质感，眉色略浅于发色。

（4）眉笔要削成扁平的“鸭嘴状”。

四、眉型与脸型

（一）不同脸型的眉型设计

脸型是决定眉型的重要因素之一，设计眉型时一定要与脸型相适应，才能达到增添容貌美的目的。人们的脸型通常分为七种：椭圆形脸、圆形脸、方形脸、长形脸、菱形脸、正三角形脸和倒三角形脸，不同的脸型适合的眉型也不同。

以下是适应七种脸型的眉型设计：

（1）椭圆形脸：又称标准脸型，适合标准眉型及其他眉型，特别是柔和中带些许曲线感、眉峰圆润的眉型。眉头与内眼角垂直，眉头眉尾在同一条水平线上，眉峰在眉毛的2/3处为佳。

（2）圆形脸：特点是脸短、偏圆，面颊饱满，五官集中。应设计出上扬眉型，眉毛应略向上斜，稍粗些，长短适宜，以达到使面部显长、五官舒展的效果。不可设计出水平长眉，以避免使脸型显得更宽圆。

（3）方形脸：特点是面部长、宽相近，棱角较明显。应设计大方、弧形的眉毛以缓和其面部的棱角，而不能设计短细平眉。

（4）长形脸：特点是面部长度有余而宽度不足。一般设计出水平形状眉型，可起到缩短脸部长度的视觉效果。上扬眉、吊眉均有拉长脸部长度的作用，应避免这些眉型。

（5）正三角形脸：特点是额部窄、下颏宽大。一般设计出上挑圆弧形眉，眉峰位置近于外眼角上方，可使脸上方显得宽展些。此种脸型最忌近似三角眉型，否则会夸大脸型下部的宽度。

（6）倒三角形脸：特点是脸型轮廓线上宽下尖，不均衡。宜设计出圆弧形眉，以使额宽在视觉上产生回缩感，因此水平、长眉均不适宜。

（7）菱形脸：特点是面颊清瘦、颧骨突出、尖下颏，上下有收拢趋势，呈枣核形。此种脸型的眉型不宜下斜、过长，否则会使颊部更突出。设计出以眉头为重点的水平眉最为理想。

人的脸型各自不同，具体设计眉型时应灵活掌握，以达到协调、比例适度、恰到好处。设计时应注意眉头、眉峰、眉梢的位置和形状，还应考虑男女性别差异对眉毛形态、多少的要求。此外，男性眉毛粗密一些，给人以威武之感，而女性眉毛纤细一点，浓密稀疏相宜则显妩媚。七种不同脸型的眉型设计参考图如图4-25所示。

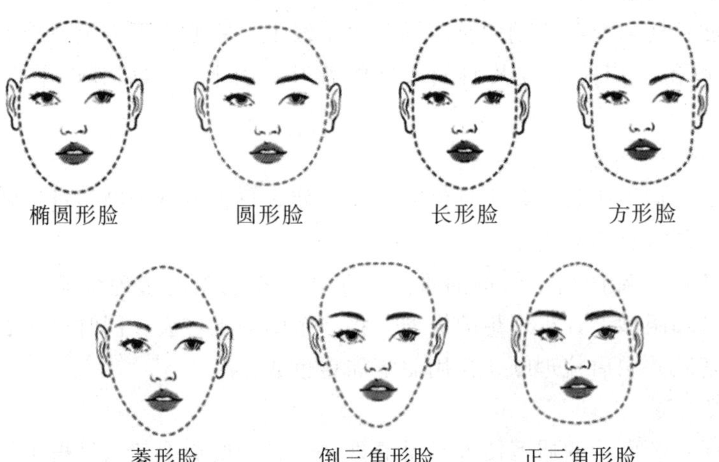

图4-25　七种不同脸型的眉型设计参考图

（二）眉型的矫正与修饰

眉毛距离眼部最近，它对眼睛有直接的修饰作用。眉毛是面部中色泽最重的部位，也最容易引起人们的注意。眉毛的形状可以决定和表达个人的内在情感和气质。

知识点19

女士眉毛的修饰（微课）

知识点20

男士眉毛的修饰（微课）

六种不美观的眉型矫正修饰方法如下：

1.向心眉

外观特征：两眉的眉头间距过近，间距小于一只眼的长度。眉头过近会使人的五官显得紧凑不舒展，给人以紧张、不愉快的感觉。

矫正方法：将两眉之间的距离调整为一只眼睛的宽度。除去眉头过近的眉毛，但切忌人工痕迹过重，否则会产生呆板、不自然的感觉。将眉峰向后移，描画时可适当延长眉梢的长度。

2.离心眉

外观特征：两眉的眉头间距过远，间距大于一只眼睛的长度。眉头距离过远使五官显得分散，给人以和气但略显迟钝的感觉。

矫正方法：将两眉之间的距离调整为一只眼睛的宽度。在眉头内侧，按照眉毛的生长状态，描画出虚的眉头，描画时要使人工修饰的眉头与眉腰衔接自然，同时眉峰可略向内移。

3.上斜眉

外观特征：眉头压低，眉梢过于上扬。上斜眉给人以严厉、精明的感觉，但过于上斜的眉毛则使人缺乏柔和感，有时还会略显刁钻，并有脸部拉长的感觉。

矫正方法：将眉头与眉梢调整在同一水平线上。适当修去眉头下方及眉梢上方的眉毛，调节眉型使其尽量水平。运用描画的方法，在眉头上方和眉梢下方进行线条的描画，但要在原眉型的基础上进行，不可牵强。

4.下挂眉

外观特征：眉头高、眉梢低。眉梢下垂使人显得亲切慈祥，但也有忧郁和愁苦的感觉，使人的年龄感上升。

矫正方法：将眉头与眉梢调整在同一水平线上。将眉头下方及眉梢上方的眉毛修去。描画时侧重于眉头下方及眉梢上方的弥补，弥补后的眉型以平直眉效果最为自然。

5.杂乱粗宽的眉毛

外观特征：眉毛生长面积大且没有规律，使人显得不够干净，过于随便，减弱了眼睛的神采，使五官不够突出。

矫正方法：杂乱的眉毛修饰的重点在于要根据眉毛的生理特征，找出眉毛的主流，配合脸型和眼型设计出理想的眉型。将多余的眉毛修去，同时可在眉峰至眉梢部位涂少许酒精胶并用眉梳理顺，再用眉笔加重色调。

6.细而淡的眉毛

外观特征：细而淡的眉毛使人显得清秀，但过细的眉毛使人显得小气，过浅的眉毛则缺少生气，尤其是使大脸盘的人显得不协调。

矫正方法：根据脸形调整弧度，强调眉峰，按眉毛的生长方向一根根描画，将眉型加宽，描画时注意要符合眉毛色泽的变化规律。

（三）眉型设计注意事项

（1）眉头是眉毛主导，眉头位置形态对眉型美的表现至关重要。如果眉头过于向面中部靠近，超过内眦角位置较多，则形成向心眉型，往往显得紧张、过于严肃。虽有刚毅之气，但易给人造成“凶相”的感觉。反之眉头过于分开，离中线太远则形成离心之眉型，显得五官分散而不协调，甚至给人以痴呆的印象而影响眉的美感。

（2）眉梢的位置和形态对脸型及容貌美影响较大，对此要细心处理和修饰。平直的眉梢有缩短脸型、加宽脸长的效果，给人以文雅之感。上挑的眉梢使脸型拉长，给人以活泼感，但过分上挑又会给人以“轻浮”的感觉，甚至会出现怒目的形象。下降的眉梢如果太明显，往往形成八字眉，给人以滑稽的印象。

（3）眉峰的位置、高度和形态应与眉头、眉身、眉梢相匹配，比例适度。文眉有增添眉型动态美感的作用，若眉峰至眉头有一定的斜度，就显得英俊。眉峰过高，脸型显得加长；反之眉峰低平，脸型也会显得圆。眉峰若靠近外眦角，离心性强，可显得脸盘宽。因此，在设计眉型时应特别注意对眉头、眉梢、眉峰的处理。

（4）设计眉型时一定要遵循两侧眉要对称的原则。两侧眉型之长短、高低、宽窄、弯直、色之深浅，眉头、眉峰、眉梢位置务必对称协调一致。尤其是两侧眉头与眉间中心点的距离一定要准确相等。设计眉型时可以使用量尺，在操作时尽量避免误差。

知识点21

眉毛修饰手绘效果图（微课）

（5）一般对于年龄大、脸型较宽、性格开朗者，可酌情设计出较宽的眉型。对于脸盘小、五官紧凑集中或性格内向者，可设计出较细的眉型。而眉眼距较近或准备作重睑术者，眉的位置可偏高些。相反眉眼距离远者可将眉的高度降低些，眉头间距宽、鼻梁低者可加重眉头，使五官集中，鼻梁显出直挺的视觉效果。

即学即练4-8

老师先示范眉毛化妆修饰，然后安排学生两两互相练习，学生遇到问题可以向老师请教。学生将完成的效果拍照记录，并记录练习中遗漏的要点、遇到的问题和解决方案等。

任务实施

眉毛的修饰化妆实践演练

一、任务准备

1.将学生分成若干组，每组两人，每两组为一队。

2.学生各自完成妆前护肤。

3.学生提前准备好妆前乳、粉底液、遮瑕膏、高光、阴影、定妆粉、眉笔等化妆产品及工具。

二、任务要求

1.每队中一组进行眉毛化妆训练；另一组做评分员，并承担视频录制任务。

（1）在眉毛化妆训练组中，两人轮流做化妆师。

（2）化妆师根据模特的肤质及肤色，选用合适的化妆产品。

（3）化妆师按照修眉→涂抹妆前乳→涂抹粉底→矫正脸型→定妆→画眉等步骤为模特化妆。

2.两组对调工作。

三、任务评价

1.每队的两组组员按评价表内容互相进行评价。

2.各组学生根据评价表及自身表现分析各自的优缺点，并针对失误之处提出改正方法，填在“个人评价”一栏中。

3.老师选出妆效最佳的一组，根据对应视频中的化妆手法和效果进行点评。

实训任务评价见表4-3。

表4-3　实训任务评价表

实训任务	眉毛的修饰化妆实践演练				
学生姓名	第（　）队 第（　）组				
要求	评价				备注
	组员1		组员2		
	是	否	是	否	
所选化妆品是否适合模特的肤色及肤质					
化妆工具使用是否正确					

续表

要求	评价				备注
	组员1		组员2		
	是	否	是	否	
妆前面部整理是否正确					
模特的脸型判断是否正确					
面部底色塑造手法是否正确					
修眉的方法是否正确					
眉型描画是否对称、适合脸型					
定妆是否合理					
步骤是否完整没有遗漏					
个人评价					

任务四 鼻子化妆修饰技巧

◎任务目标

知识目标：

1. 掌握鼻子修饰化妆的比例关系；
2. 掌握鼻子修饰化妆方法及矫正化妆技法。

能力目标：

1. 能用化妆技巧来塑造最好的鼻型；
2. 能用矫正化妆技法来修饰不标准的鼻型。

素养目标：

1. 具有良好的人文科学素质和一定的美学修养；
2. 具有精益求精的工匠精神及以人为本的服务意识。

知识准备

鼻子在脸部占据着重要的地位，它像一条中轴线，将面部分成左右对称的两半。鼻部上端是眉毛和眼睛，左右和面颊相连，鼻翼通过鼻唇沟维系、牵动嘴角，通过人中又和嘴唇相呼应。鼻部是全脸最高的部位，由于它的突出与醒目，形成脸面的层次与节奏，可以使人显得漂亮，也可以把人装饰得很丑，它的形象对容貌的影响很大。虽然人们似乎不太注重对鼻部的化妆，可鼻部与脸上其他所有的部位都相互为邻，要想获得理想的化妆效果，就必须在鼻部的美化上下一番功夫。

一、鼻部的形态

（一）鼻部的生理构造

鼻部主要就是指鼻子，内部骨骼由鼻骨及鼻软骨构成。鼻骨位于鼻的基底部位和鼻根部。鼻软骨由透明软骨组织构成，最大软骨是鼻外侧软骨、鼻翼软骨和鼻中隔软骨。我们在脸部表面看到的鼻部主要指外鼻，包括以下部位：

（1）眉间：指的是两眉头中间、两眼窝中间、鼻子上方的倒三角区，是鼻子的上部延伸。

（2）鼻根：是鼻上端的起始部，为额骨与鼻骨相接处，基本上是整个鼻部最窄的部位。

（3）鼻梁：由鼻根向下逐渐呈长的梯形隆起部分，有呈直线、凹曲线、凸曲线之别。

（4）鼻侧：也叫鼻背，鼻子两侧，上连眉头，下连鼻头，中间是鼻根、鼻梁，两旁接脸颊。

（5）鼻翼：在鼻尖左右两侧，略呈圆形而带角状，有大小、宽窄、圆扁之分。

（6）鼻尖：鼻梁的下端称鼻尖，又叫鼻头，有大小、圆尖之别。

（7）鼻孔：鼻翼下面水平部分通向鼻腔的圆孔，称为鼻孔，有大小、俯仰之别。

（8）鼻中隔：两鼻孔中间的部位称鼻中隔，正面看不明显。

（9）鼻底：鼻底在鼻中隔的最低部，鼻部的终结处，下接人中部位。

（二）鼻部的外表形态

鼻部的外形因人种、性别、年龄的不同而有所不同。扁平的脸型往往与低鼻梁相关，因为低平的鼻梁使眼睛与鼻子之间不能形成高低层次。高而挺直的鼻子，使眼睛相比之下有凹陷的感觉，加强了这部分的立体结构。鼻子的高低对脸部的立体感有决定性影响，鼻根至鼻尖的长度，又会改变整个脸型的长短。鼻尖本身也有大小、圆尖之分，如大鼻翼使鼻子宽大，小鼻翼常使鼻型不丰满，也会对鼻型及脸部容貌产生视觉影响。

1.理想的鼻型

鼻梁挺拔，鼻头圆润，鼻翼从两侧向上延伸至两内眼角处，鼻翼大小适度。

2.长鼻型

在脸部三庭中鼻子偏长，鼻梁偏瘦。

3.短鼻型

在脸部三庭中鼻子偏短，鼻梁偏宽，结构圆润。

4.塌鼻型

鼻梁低而矮平，没有鼻骨的感觉。鼻头翘起，鼻孔外露，也称翘鼻子或朝天鼻。

5.蒜型鼻

鼻根低，鼻梁上端窄，鼻尖与鼻翼圆大。

知识点22

面颊、鼻子的修饰（微课）

二、鼻部的修饰技法

（一）鼻侧影的运用

东方人的鼻部立体感不够，鼻部的修饰技法就是通过色彩的明暗对比，在一定程度上造成色彩视觉效果，以改变鼻部的外形。

用浅色提亮眉间、鼻根、鼻梁甚至是鼻头部位的颜色，可以使鼻部有向前突出的感觉。鼻背是由两个侧面形成的立壁型，用颜色加深鼻背处的阴影（我们称为鼻侧影），就会使眼窝低凹，阴暗对比加强，亦会使鼻梁显得高而挺拔。

由于鼻侧影画在鼻子的两侧，处在面部的中心位置，加上色彩具有一定的深度，可以强调脸型的立体层次，所以在化妆中，往往将鼻侧影作为修饰或矫正鼻子的一种手法。鼻梁高的人不必涂鼻侧影，以免显得多余。日间淡妆，追求真实自然和不露痕迹的效果，可以不画鼻侧影，只需在鼻梁上涂抹少许的提亮色即可。注意提亮色与肤色反差不要太大，以柔和自然真实为美。

（二）如何选择鼻侧影的颜色

鼻侧影的色彩选择，相对来说有一定的局限性，除了特殊的化妆以外，很少有人用五颜六色来修饰鼻子，而大部分人画鼻侧影都是为了使鼻梁显高和改变鼻子不理想的部分，以衬托脸型。因此，鼻侧影的颜色就要力求真实，避免虚假。

鼻侧影一定要和面部的基底色调保持一致，这样才容易和底色和谐，并形成自然的阴影色，只是要拉开与底色的明暗差别。如面部的基底色调是暖色调，鼻侧影的颜色最好也是暖色，如浅棕色、红棕色、咖啡色等。面部的基底色调是冷色调，鼻侧影的颜色最好也是冷色，如棕灰色、褐色、绿灰色等。有时没有理想的色彩，可以自己调配。

鼻侧影的颜色除了要和肤色统一外，还应与眼影色调协调。如果涂蓝色或紫色眼影，而用红棕色涂鼻侧影就不和谐，若用紫灰色或偏冷的灰褐色，就能与眼影衔接，但应掌握好分寸。

知识点23

鼻子的修饰手绘效果图（微课）

三、不标准鼻型的修饰

（一）长鼻型

鼻子长，脸型会显长，改变的方法有以下几种：

（1）压低眉头，并且避免将眉毛画成上挑的眉型，可以使鼻子的长度相应变短。当然，额头太长的人不适合采用这种方法。

（2）鼻侧影向内眼角涂染，颜色要淡，向下不要延续至鼻翼，鼻尖处横扫少许阴影。

（3）鼻梁的提亮色加宽，提亮色与鼻侧影的颜色形成弱对比，不要有显眼的化妆痕迹。

（4）面颊上腮红色适合横向晕染，产生和谐温柔的感觉，对减弱鼻长也有一定效果。

（二）短鼻型

鼻子短将形成圆脸或脸型偏短。要将短鼻子画长，主要还是要依靠色彩的变化来塑造。

（1）改变眉型，将眉头稍向上抬，这样就抬高了鼻根部位。

（2）将鼻侧影向上渲染至眉头，向下到鼻翼处消失，用色彩的纵向引导，使人们的视线由于上下移动而感觉鼻子的长度有所增加。

（3）加强鼻子的立体塑造，鼻部的亮色面不应过宽，鼻梁比正常比例略微收窄一些。鼻侧影的颜色略重，立体的鼻梁比扁平的鼻梁显长。

（4）要注意减弱鼻翼的色彩，因为明显的鼻翼会增加鼻子的宽度。

（三）塌鼻型

低而扁平的鼻根、鼻梁使面部显得呆板，缺乏立体层次与感染力。

（1）鼻根、鼻梁处涂明亮的颜色，用象牙色或者用淡粉红加少量的白色与黄色调成一种比皮肤明亮的颜色，如果用珠光型眼影，由于亮光的反射，会使鼻梁突出。点染的面积不宜太大，只需在鼻梁及鼻尖上轻轻印搽，而且要符合鼻子本身的生理构造。

（2）在鼻子的两侧涂阴影色，鼻侧影的上端与眉毛衔接，两边同眼影混合，下方则消失于底色，使鼻侧影形成一个自然而真实的侧面阴影。但是一定要注意阴影不能太深，以免造成整个眉眼部位的塌陷，要以提亮为主、侧影为辅。

（四）蒜型鼻

鼻梁适中，鼻尖和鼻翼偏大，被称作蒜型鼻。也有一些鼻子由于鼻尖两侧的大鼻翼而显得缺乏秀气，要使宽大的鼻翼显小，可以用颜色的深浅来调整鼻子和局部形象。

（1）将略深于肤色的鼻影色从鼻侧延续至鼻翼，深色有收缩感，可以在视觉上感到鼻翼小了。

（2）用比肤色浅的明亮色涂于鼻头的最高处，用这样的方法来加强鼻头与鼻翼之间的反差。

（3）鼻梁上的浅亮色不宜细窄，鼻梁和鼻侧的明暗转折一定要柔和。

（4）双眉作横向扩张，嘴适当应大一些，唇色、面颊色丰满红润，都会使鼻翼相比之下显得小巧。

（五）宽鼻梁

鼻梁宽度大于内眼角间距的1/3，让人感觉非常成熟稳重，但如果想展现女人味，不妨利用鼻影和亮光效果细化宽广的鼻梁。按标准宽度提亮鼻梁，深色鼻侧影向中间靠拢，与高光部位自然连接，并且鼻影色从鼻侧延续至眉头。

（六）窄鼻梁

鼻梁宽度窄于内眼角间距的1/3，让人感觉纤细柔美，但如果想更大方稳重一些，建议提亮一下鼻侧处，让鼻部立体感稍弱化一些。鼻梁窄的人不宜涂鼻侧影，若加重鼻两侧的阴影，会使鼻梁更窄。

即学即练4-9

老师先示范鼻子化妆修饰，然后安排学生两两互相练习，学生遇到问题可以向老师请教。学生将完成的效果拍照，并记录练习中遗漏的要点、遇到的问题和解决方案等。

任务实施

鼻子的修饰化妆实践演练

一、任务准备

1.将学生分成若干组，每组两人，每两组为一队。

2.学生各自完成妆前护肤。

3.学生提前准备好妆前乳、粉底液、遮瑕膏、高光、阴影、定妆粉、眉笔等化妆产品及工具。

二、任务要求

1.每队中一组进行鼻子化妆训练，另一组做评分员，并承担视频录制任务。

（1）在鼻子化妆训练组中，两人轮流做化妆师。

（2）化妆师根据模特的肤质及肤色，选用合适的化妆产品。

（3）化妆师按照修眉→涂抹妆前乳→涂抹粉底→矫正脸型→定妆→画眉→鼻子修饰等步骤为模特化妆。

2.两组对调工作。

三、任务评价

1.每队的两组组员按评价表内容互相进行评价。

2.各组学生根据评价表及自身表现分析各自的优缺点，并针对失误之处提出改正方法，填在“个人评价”一栏中。

3.老师选出妆效最佳的一组，根据对应视频中的化妆手法和效果进行点评。

实训任务评价见表4-4。

表4-4　实训任务评价表

实训任务	鼻子的修饰化妆实践演练				
学生姓名	第（　）队 第（　）组				
要求	评价				备注
	组员1		组员2		
	是	否	是	否	
所选化妆品是否适合模特的肤色及肤质					
化妆工具使用是否正确					
妆前面部整理是否正确					
模特的脸型判断是否正确					
面部底色塑造手法是否正确					
修眉的方法是否正确					
眉型描画是否对称、适合脸型					
鼻子修饰的方法是否正确					
定妆是否合理					
步骤是否完整没有遗漏					
个人评价					

任务五　唇部化妆修饰技巧

◎ **任务目标**

知识目标：

1. 掌握唇部修饰化妆的比例关系；
2. 掌握唇部修饰化妆方法及矫正化妆技法。

能力目标：

1. 能用化妆技巧来塑造理想的唇型；
2. 能用矫正化妆技法来修饰不标准的唇型。

素养目标：

1. 具有良好的职业道德和职业素养；
2. 培养学习者严谨、持之以恒的敬业精神，养成细致、耐心、认真的职业习惯。

知识准备

一、唇部的形态

（一）唇部的生理结构

嘴唇分上唇和下唇，两唇之间为口裂。嘴唇由皮肤、口轮匝肌、疏松结缔组织及黏膜组成。嘴唇的赤红色口唇部称红唇，是涂抹口红的地方，在化妆中占有特别重要的地位。上下嘴唇的红唇外轮廓构成唇型，上唇中部为上唇结节，其两侧上方有两个凸起的唇峰，唇峰中间呈凹陷的V形，下唇中央最低点称唇底部，下唇连接下颏的凹陷处为颏唇沟。

（二）唇部的外表形态

知识点 24

唇部护理过程（动画）

1.纯情浪漫的唇

小巧而又圆润，微微外翘，上下唇看似都有唇峰。

2.干练职业化的唇

又紧又薄，唇峰稍带棱角，是干净利落的唇型。

3.活泼可爱的唇

嘴角上翘，薄而圆润，唇线不清晰，浑然天成。

4.庄重典雅的唇

唇峰饱满，弧度柔和，嘴唇立体感强。

5.妩媚动人的唇

唇峰有些夸张，加厚双唇，丰满性感，称“花瓣嘴”。

6.唇尖突的唇

上下唇偏薄，“品”字形唇峰明显，整个嘴唇偏小。

7.冷艳高贵的唇

厚而带棱角的唇，立体感强，嘴角微微有些下垂。

二、唇的修饰技法

知识点25

唇的修饰（微课）

（一）基本修饰技法

口红鲜艳，肤色显得白净；口红发暗，肤色看上去也比较暗；口红素气，其他部位会显得醒目、动人。醒目的口红，会使唇部突出于整个妆面。口红色彩的选择要与服装的颜色、腮红色系等方面相协调。有时单色填于唇部；有时在嘴角两侧填入深色，中间为亮色，采用两种以上的色彩组合。最重要的是因人而异、因妆而异、因需而异。

（1）用唇刷蘸一点儿无色的润肤油，先滋润唇部，便于上色。

（2）在嘴唇周围的皮肤上拍些散粉使唇边部位呈粉质状态，以免油脂使唇膏顺唇纹晕开。如果需要修整唇型，则要先用与肤色接近的粉底盖住原有唇线，并扑上散粉定妆。

（3）用唇线笔定点、连线、修饰、勾勒出满意的唇型。如要唇线更固定、妆面更持久，可在画好的唇线上扑些定妆粉再次定妆。如果唇线颜色太深，可用棉花棒将唇线向里擦一擦。

（4）唇部上色。用唇刷蘸上唇膏先涂嘴角，再蘸稍浅的唇膏耐心地涂满嘴唇，最后用唇刷在唇面上做衔接调整，完成基本唇妆。

（5）将纸巾置于嘴唇上，用手指轻按；或者将纸巾置于上下唇之间，双唇轻轻抿一抿。一方面让口红能融入嘴唇，唇膏更加服帖；另一方面吸取过多的色彩，让双唇更加自然柔和。

（6）如果需要色彩很浓艳的唇妆，则需要从步骤（4）起按顺序再上一层唇膏。最后用透明的唇彩或唇油，在双唇的中间部位上光提亮，营造立体亮泽的双唇。

（二）唇膏的颜色选择

（1）唇膏的颜色应与服装整体色调搭配协调。如果穿冷色系的服装，如主色调为蓝、紫、翠绿、粉绿、银色等，搭配的唇膏可选粉红、桃红、玫瑰红、紫红色等。如果穿暖色系的服装，如主色调为金色、黄色、草绿、橄榄绿、棕色等，搭配的唇膏可选大红、朱红、橙红、棕红等；如果穿中性色调或无彩色的服装，搭配的唇色就比较广泛；如果穿红色系列的服装，则唇膏颜色与服装颜色越接近越好。

（2）唇膏颜色应与腮红颜色基本一致。

（3）年轻的女性宜选用浅色系列的口红，显得清新可人；年长的女性宜用自然稳重的红色，显得端庄优雅。

（4）肤色太浅的女性不宜用深色的唇膏。而肤色较深的女性用偏深色的唇膏比较理想，可以衬得肤色稍亮一些。当然，如果想要前卫性感的古铜色肌肤感觉，用荧光浅色系口红会有不错的效果。

（5）牙齿发黄的女性最好选择珊瑚红、朱红、橙红、鲜红等暖色系唇膏，衬得牙齿不那么黄。牙齿发灰的女性最好选择粉红色、玫瑰红色、桃红色等冷色系的口红，衬得牙齿更加洁白。

（6）唇色及唇型在生活化妆中受化妆品与流行因素的影响很大，但滋润、健康、自然的美感是最重要的。

（三）不标准唇型的修饰

知识点26

唇部修饰手绘效果图（微课）

嘴唇的美，首先是轮廓清晰，然后是嘴角、唇峰、下唇底部各个关键点位置定得准确。唇的表层是黏膜，与脸部其他部位的皮肤不同，不能随意描小描大，充其量只能在原形的基础上作适当的扩大或缩小。

1.厚唇型的修饰

要使厚嘴唇看起来薄一些，一般方法是将唇膏涂抹在红唇以内，再用粉底遮盖住红唇的外露部分。这个过程尤其需要唇线画得干净挺括。不过，一些特别厚的嘴唇用这种简单的办法并不见效，还要更具体地分析和更细致地描画。这是因为在很厚的嘴唇上画薄嘴唇，留下多余的宽边，不容易被颜色遮盖；同时，红唇部与皮肤部交接处有明显的凸起，构成嘴唇的轮廓，不可能用颜色盖住。所以矫正这样的嘴唇非常难，需要熟练的化妆技巧。对待这种情况，一般要从以下几方面着手：

（1）不要把嘴唇画得太薄，以免余下的红唇部分边沿太宽。把红唇部描得太小反而与嘴唇的整体结构不相称，所以矫正要适度。

（2）除了描画红唇部，还需把本来嘴唇的轮廓缩小一点。方法是运用接近肤色的粉底盖住外露的红唇，把轮廓缩小。浅肤色主要用在上唇的边缘，以遮盖原来红唇的赤红色，造成皮肤的假象。下嘴唇的外轮廓线一般要用阴影色遮盖，使其不要外突。

（3）把下唇底部与颏唇沟交接处的阴影向上延伸，造成颏唇沟上移的假象。减弱或消除原来下唇的轮廓线，描画时应非常小心，先从中间开始，调一点与颏唇沟阴影一致的颜色，当描画的颜色与阴影一致并很自然地衔接之后，再把颜色向两边延伸，并突然消失。描画的阴影色与唇膏之间要保持一条肤色轮廓线。

（4）改变的唇膏边沿和轮廓线要平直，不应随原来的嘴型等量缩小。由于厚嘴唇一般都凹凸起伏明显，涂抹同一色度的唇膏，仍然有原来嘴型的痕迹，所以在涂抹唇膏时，不能选择太浅的唇膏颜色，并且要有深浅层次。

2.修整薄唇型

薄嘴唇要化得丰满、性感，可以直接用唇膏增加红唇的厚度。这种方法的要领是描画的轮廓除了放宽尺度外，还要有较大的弧度。描画的轮廓线要挺括干净。涂抹的唇膏要厚薄均匀，能较自然地盖住红唇和加宽部分的皮肤颜色。化妆的方法包括：

（1）先用深色唇线笔画出一个比原来红唇厚的唇型轮廓。

（2）然后在这个轮廓内涂上唇膏。利用唇膏深浅的衬托，加强想要突出的部分。

（3）如果原嘴唇轮廓线比较明显，皮肤与红唇部的交角坡度大，而描画的轮廓线又越过了这个坡度，这时依靠单色唇膏遮盖皮肤掩饰边沿便会显得虚假，必须把上嘴唇原来的轮廓线外的皮肤部分颜色加深一点，以抵消受光部位的色差。下唇底部不必加深色，只在下唇中部加一点浅色，然后把浅色均匀地与唇膏糅合，形成丰满圆润的视觉效果。

3.棱角唇型的修饰

带棱角的嘴唇体现一种干练、职业化的风采，但是如果配上带棱角的方脸型或菱形脸型，会让人感到过于刚硬、严厉，缺少女性柔美的气质。修整方法如下：

（1）唇峰V形部位与唇底部不动，用深色唇线笔加宽上下嘴唇轮廓两边的弧度，则立即呈现饱满圆润的唇型。

（2）在轮廓线以内涂唇膏，注意原唇型轮廓内的唇膏色浅一些，新画的唇型轮廓与原唇型轮廓之间的唇膏色深一些，这样视觉上就立体圆润了。

4.突唇型的修饰

唇型与鼻型、脸型都有一定的相互关系，薄而尖突的唇型，常与狭小的鼻型有关。嘴型的化妆关系着脸型的变化，只要把尖突的嘴唇化得平一些，整个容颜都会有所改观。化妆的方法包括：

（1）先画唇部轮廓线。上唇轮廓线从嘴角开始，偏离本来的上唇边沿，斜向上、向前的弧线与原来的唇峰汇合（如果原来的唇峰高，则把汇合点降得低点）。下唇轮廓线从嘴角起画，斜向下、向前在中部外侧与原来的红唇边沿汇合。

（2）在轮廓线以内涂唇膏，中侧部要浅一点，这样它在光照下与中间部的色度相近，便会形成起伏不大的错觉。

5.修整下挂唇型

在不做任何表情的正常状态下，口裂的两端向上翘，即为上翘嘴型；口裂两端向下略斜，即为下挂嘴型。在说话和微笑时，嘴角下挂的程度是不明显的，只有当闭合时才有这种感觉。嘴角略有下挂会显得很酷，但太严重的话就显得很悲哀了，化妆时可以作适当的矫正。

（1）改变口裂的形状，用深棕色唇线笔点画在上唇嘴角的两端，使上唇嘴角外加厚。当嘴唇闭合时，由于阴影色改变了上唇的形状而使口裂得以矫正，形成新的嘴角。

（2）在下唇的两端涂上亮艳的唇膏，由于亮色的点衬，使矫正过的嘴角显得更加深而真实。上唇的颜色偏深，下唇的颜色适当浅一些，并将亮点略向嘴角处移动，与嘴角的明亮色唇膏相协调。

（3）每个嘴唇的起伏转折都各不相同，要有效地矫正唇型，就要根据具体条件，考虑在关键处加以修整。比如，改动上唇两侧轮廓线的弧度，使其具有上翘的动势，再使下唇嘴角的弧线与上唇呼应。也可以用底色均匀地涂敷嘴角部位，以减弱嘴角纹的投影，然后改动上唇两侧轮廓线的弧度，使其有向上翘的感觉。

即学即练4-10

老师先示范唇部化妆修饰，然后安排学生两两互相练习，学生遇到问题可以向老师请教。学生将完成的效果拍照，并记录练习中遗漏的要点及遇到的问题和解决方案等。

任务实施

唇部的修饰化妆实践演练

一、任务准备

1.将学生分成若干组，每组两人，每两组为一队。

2.学生各自完成妆前润肤。

3.学生提前准备好妆前乳、粉底液、遮瑕膏、高光、阴影、定妆粉、眉笔等化妆产品及工具。

二、任务要求

1.每队中一组进行唇部化妆训练；另一组做评分员，并承担视频录制任务。

（1）在唇部化妆训练组中，两人轮流做化妆师。

（2）化妆师根据模特的肤质及肤色，选用合适的化妆产品。

（3）化妆师按照修眉→涂抹妆前乳→涂抹粉底→矫正脸型→定妆→画眉→鼻子→唇修饰等步骤为模特化妆。

2.两组对调工作。

三、任务评价

1.每队的两组组员按实训任务评价表中的内容互相进行评价。

2.各组学生根据实训任务评价表的要求及自身表现，来分析各自的优缺点，并针对失误之处提出改正方法，填在“个人评价”一栏中。

3.老师选出化妆造型效果最佳的一组，根据对应视频中的化妆手法和效果进行点评。

实训任务评价见表4-5。

表4-5　　实训任务评价表

实训任务	唇部的修饰化妆实践演练				
学生姓名	第（　）队 第（　）组				
要求	评价				备注
	组员1		组员2		
	是	否	是	否	
所选化妆品是否适合模特的肤色及肤质					
化妆工具使用是否正确					
妆前面部整理是否正确					
模特的脸型判断是否正确					
面部底色塑造手法是否正确					

续表

要求	评价				备注
	组员1		组员2		
	是	否	是	否	
修眉的方法是否正确					
眉型描画是否对称、适合脸型					
鼻子修饰的方法是否正确					
唇部修饰的方法是否正确					
定妆效果是否持久					
步骤是否完整没有遗漏					
个人评价					

任务六 面颊化妆修饰技巧

◎任务目标

知识目标：

1.掌握面颊修饰化妆的比例关系；

2.掌握面颊修饰化妆方法及矫正化妆技法。

能力目标：

1.能用化妆技巧来塑造理想的肤色；

2.能用矫正化妆技法来修饰不标准的脸型。

素养目标：

1.具有精益求精的工匠精神；

2.具有以人为本的服务意识、集体意识和团队合作精神。

知识准备

一、腮红的形态

（一）腮红的位置与形状

脸颊以及颧骨是面部最宽阔而显眼的部位，这个部位我们常以腮红来修饰，能使面容更生动活泼、健康红润。此外，如果眼部、唇部画得越浓，也应越强调腮红，否则会觉得整张脸不协调。

腮红按形状分有圆形、长条形、扩散形的腮红。圆形的腮红视觉上有可爱的突出效果，长条形的腮红视觉上有加强立体感的效果，扩散形的腮红视觉上有柔和的效果。长条形的腮红按方向分为横向、纵向和斜向。横向的腮红视觉上有拉宽的效果，纵向的腮红视觉上有拉长的效果，斜向的腮红视觉上有瘦脸的效果。

（二）腮红的作用

1.健康肤色

人的脸颊部位，毛细血管极为丰富，由于毛细血管充血而使得颊部呈现出微红色。当身体有病或营养不良，或过度疲劳时，生理机能的正常运转受到一定影响，反映在面部，其特征之一就是皮肤枯黄、苍白、无光泽，脸颊无红色。因此，红润的面颊是身体健康的标志。化妆时，在面颊以及与之相连接的眼窝部位，描绘一个红晕区，使整个面部显现健康、自然的肤色。用腮红增加皮肤的色调以及色彩的层次性，可以增强脸的生动感和立体感，显得精神焕发。

2.装饰强调

在节日里，常见一些孩子的脸蛋上涂着两团红色，这是家长打扮孩子的一种方法，以增添节日的喜庆气氛。在化生活妆时，涂上腮红，不仅能使整个面部精神起来，起到一种装饰、强调的作用，同时，腮红又能与唇膏和服装色调相呼应。在许多特定的环境下，腮红往往被表现得很充分，甚至还加上其他颜色。

3.统一色调

人的面部结构有高低起伏，皮肤的色调也有许多微妙的变化，即使涂了底色，也常常达不到理想的效果。涂上腮红，并在额部、眼窝、下巴等处均匀地、有层次地涂开，使明亮的红色成为一个统一的色调，能削弱那些细微的凹凸及皱纹所形成的明暗对比。

4.改变脸型

红色所具有的特殊色彩张力，给我们的视觉影响是十分明显的，因此腮红的色彩饱和度、腮红的色相和深浅、腮红所涂的部位都会对脸部的结构和脸的形态产生视错觉，而这种视错觉正是我们在化妆时所要达到的目的。比如，当我们在脸颊的凹陷处涂上浅亮的红色时，这个凹陷的部位就会因为浅亮的红色而给人以饱满的印象；如果在这个部位涂上深于底色的暗肤色，再用偏灰暗的棕红色作为过渡，就可以加强这个部位的凹凸结构。

脸型整体的形式感、色彩感、质感是由面部五官的形态、颜色与脸型轮廓有机结合的构成体。在任何一个局部施加一条或一块明显的色块，都会对整体产生影响。不难想象，在面部涂上一块明显的红色，必然会产生新的形式或色彩结构，甚至会影响人的整体感觉。所以，腮红常常成为化妆师展示女士脸颊美感和神态风韵以及改变脸型结构的一种手段。正如我们把脸部的美感、神采作为整体造型的显现来认识一样，改变局部，也是为了要得到某种理想的和整体的完美形态。

二、腮红的修饰技法

（一）基本修饰技法

在大部分场合与多数情况下，人们涂腮红的目的都是显现健康红润的面色，所以涂腮红时，要注意与周围皮肤的自然衔接与融合，避免在面颊形成一块孤立的红色。

可采用以下常用的腮红打法来表现肌肤的美感：

（1）在颧骨与眼睛下方涂上淡而柔和的腮红，能显示出红润、有生气的神采。

（2）将腮红涂敷在颧骨下方，并向颧骨自然晕染，既增添了面部的色彩，又能突出颧骨的结构。

（3）在扁平的脸上施以微妙的长条形腮红，由于腮红形成的色块切割而增强了面部的层次与立体感。

（4）淡妆时用透明度强、能与肤色协调的中性红色作腮红比较理想。

（5）用膏体型腮红，在定妆之前涂抹，会产生真实、自然、滋润和光泽的皮肤自然红润效果。

（6）用粉状胭脂涂敷后，可用湿毛巾在脸上轻按几下，吸去胭脂中的粉质，就会显得润泽。

（7）用深浅不同的腮红修饰面部，利用“色阶”所形成的丰富层次，使面部更美丽、生动。在技术上，要注意每个部位的深浅层次要柔和地过渡，自然地衔接，不要涂成“花脸”。

（二）确定腮红的色彩

腮红的颜色有橙红、粉红、朱红、砖红、浅玫瑰红、玫瑰红、棕红、桃红等。由于色彩的纯度、明度不同，腮红色彩的选择，要视场合、目的以及化妆方法而定。

1.表现健康

为显示健康而使面颊部有红润感，并且不希望被人看出化妆的痕迹，腮红的颜色就要选得准确，让人感觉是从皮肤中透出的“血色”，而不是涂上去的一块红颜色。过于鲜艳的腮红色很难达到这种效果，因为艳红色难以与肤色统一而使涂抹的腮红有虚假感。比如，朱红和大红作为腮红色会显得焦黄与漂浮，可稍加浅玫瑰色调匀后使用。浅棕红、浅玫瑰红、浅粉红、浅橙红色等作为腮红色比较合适。面部除了大的起伏外，每一个局部都有许多小的凹凸，这种状况往往容易产生苍老、憔悴的感觉，如果想用腮红来改变这种状况，也未必不可。

2.作为结构色

在色彩学中，有“暖色向前、冷色退后、浅色凸起，深色凹下”之说，利用这种视觉原理，可以用偏冷的、偏深的腮红颜色作为脸颊的阴影色，如使用棕红色、深玫瑰红、紫红等色彩纯度、明度均较低的腮红色，使脸颊有凹陷之感。选用明亮、鲜艳的浅粉红、亮粉色、橙色等，可强调某个部位凸起的结构。

3.作为协调色

作为整个面部色彩的色系，腮红色调的选择还应根据皮肤的色调、服装的色调来确定，以便形成整体色调的统一。如朱红、大红等鲜艳的色彩，平时很难搭配，但在喜庆场合则可以使用。用腮红来统一整个面部色调，可以清除零碎、凹凸感，使面部产生和谐、丰满的美感。但是，不能在各个部位都涂上同样深浅的红色，而应根据具体情况来变化腮红的深浅。凹下部位宜用浅亮的红色，逐渐过渡到凸起部位的较为深的红色。同时，不能忽视腮红的主次，额部、下巴、眼窝部位的红色都要适度。

（三）各种腮红的修饰

1.腮红修整颧骨扁平

如果将人的脸作为一个球形来看，可以运用绘画的原理来改变和矫正扁平的脸型。从颧丘部位开始，向上起至眉峰，向下延至下颌，形成脸部的分割线。分割线以外的色彩渐冷渐深，分割线以内的色彩渐暖渐浅。这样，就区分了脸部的明暗或冷暖色块，作为切割色块的腮红，要涂得宽一些，向上、向下、向里、向外都要有渐变晕染的过程，十分自然地与周围的色彩过渡结合。

2.腮红修整颧骨宽凸

过分宽大凸起的颧骨，会使脸型宽而平，可以用腮红来转移人们的视线，间接地减弱对宽大颧骨的印象。将腮红的位置稍加移动，把颧骨的内侧设为凸起的最高处，涂上腮红色，这样就在颧骨上形成一块新的色彩高光部位，隐去了原来颧骨的位置，将人们的视线引向另一个部位。还要注意不可用圆形的腮红打法，也不可用横向的腮红打法，那样会使颧骨显得更宽。

即学即练4-11

老师先示范面颊修饰化妆，然后安排学生两两互相练习，学生遇到问题可以向老师请教。学生将完成的效果拍照，并记录练习中遗漏的要点、遇到的问题和解决方案等。

任务实施

面颊的修饰化妆实践演练

一、任务准备

1.将学生分成若干组，每组两人，每两组为一队。

2.学生各自完成妆前润肤。

3.学生提前准备好妆前乳、粉底液、遮瑕膏、高光、阴影、定妆粉、眉笔等化妆产品及工具。

二、任务要求

1.每队中一组进行唇部化妆训练；另一组做评分员，并承担视频录制任务。

（1）在面颊化妆训练组中，两人轮流做化妆师。

（2）化妆师根据模特的肤质及肤色，选用合适的化妆产品。

（3）化妆师按照修眉→涂抹妆前乳→涂抹粉底→矫正脸型→定妆→画眉→鼻子→唇→腮红修饰等步骤为模特化妆。

2.两组对调工作。

三、任务评价

1.每队的两组组员按评价表中的内容互相进行评价。

2.各组学生根据评价表及自身表现分析各自的优缺点，并针对失误之处提出改正方法，填在“个人评价”一栏中。

3.老师选出妆效最佳的一组，根据对应视频中的化妆手法和效果进行点评。

实训任务评价见表4-6。

表4-6 实训任务评价表

实训任务	面颊的修饰化妆实践演练				
学生姓名	第（ ）队 第（ ）组				
要求	评价				备注
	组员1		组员2		
	是	否	是	否	
所选化妆品是否适合模特的肤色及肤质					
化妆工具使用是否正确					
妆前面部整理是否正确					
模特的脸型判断是否正确					
面部底色塑造手法是否正确					
修眉的方法是否正确					
眉型描画是否对称、适合脸型					
鼻子修饰的方法是否正确					
唇部修饰的方法是否正确					
面颊修饰的方法是否正确					
定妆是否合理					
步骤是否完整没有遗漏					
个人评价					

任务七 五官与脸型的协调

◎任务目标

知识目标：

1. 掌握五官与脸型修饰化妆的比例关系；
2. 掌握五官与脸型修饰化妆方法及矫正化妆技法。

能力目标：

1. 能用化妆技巧来塑造理想的五官及脸型；
2. 能用矫正化妆技法来修饰不标准的五官及脸型。

素养目标：

1. 培养学习者严谨、持之以恒的敬业精神，养成细致、耐心、认真的职业习惯；
2. 具有良好的人文科学素质和一定的美学修养。

知识准备

一、局部与局部的协调

以下介绍的是化妆中的常见问题，在实际操作中，要将各局部进行共同比较，有时候遇见的问题往往是矛盾的，既要考虑局部化妆的标准，也要考虑与其他部位的关系，最终还是要从整体关系的协调角度出发，总体把握，不可教条化。

（一）眉毛与眼睛距离的调整

眉毛与眼睛的关系，好似一幅画与画框的关系。好的画需要相宜的框来衬托才会熠熠生辉。东方女性比较完美的眉毛与眼睛的关系应为：眉毛的中间点与眼睛平视前方时瞳孔的中间点在同一垂直线上。眉毛与眼睛的距离是一个瞳孔大小的距离。眉头与内眼角在同一垂直线上，眉梢的位置在眼尾至鼻翼外侧的斜线上。双眼的轴连线在脸部的位置，如果正好在脸部黄金分割线的位置，那样的比例是最完美的。眼轴连线靠上，脸的下半部长，人显成熟；眼轴连线靠下，脸的下半部短，则会呈现儿童式的脸部比例。眉眼间距太远或太近，都会影响脸部美感。这些都需要我们通过化妆的技法进行比例调整。

1.眉眼距离太近

眉眼距离太近容易给人压抑感和紧张感，如果想改变一下，就要用化妆的各种技法，使眉眼部分显得舒展大方。

（1）首先不适合太深或层次太多的眼影描画，这样眉眼间会显得更挤。可以在靠近上睫毛根部处涂深色眼影，然后渐渐向上晕染，加重下眼线和下眼影的层次，从视觉上把眼睛往下移，或者弱化眼影、睫毛的修饰，只描画眼线。

（2）弱化眉的刻画，过浓过粗的眉会使眼更有压迫感。当然，也可以修掉整根眉毛的下半部，在上半部细致地加画眉毛，使整条眉毛的位置抬高，直接拉开眉眼间距。

（3）将化妆重点下移，强调唇部刻画，也就弱化了眉眼的缺点。

2.眉眼距离太远

眉眼距离太远容易给人清高的感觉，如果眼睛再大些，就会给人一直惊讶着的感觉，很像儿童的脸。化妆上的调整需要拉近眉眼间距，增强脸部立体感，使人整体上协调。

（1）调整时，可加深眼影、增加眼影的层次或加重眼影的结构，强调睫毛表现，让眉眼之间的部位丰富起来。

（2）修掉整根眉毛的上半部，在下半部细致地加画眉毛，使整条眉毛的位置降低，直接拉近眉眼间距。不过对于额头很长的人不适合这么做，或者调整完眉毛后再由刘海遮挡长额头。

3.眼轴连线靠上

眼轴连线靠上，脸的下半部偏长，人显老成。化妆加强脸的下半部分修饰，可施打中心式和横向腮红，降低鼻长度，加重下眼线和下眼影的层次，在视觉上使眼睛下移。也可从整体上调整效果，让脸颊不要显得那么空那么长。

4.眼轴连线靠下

眼轴连线靠下，脸的下半部偏短，人显幼稚。眼下方不作修饰，外眼角外侧斜向上提亮，增强鼻子的立体感，特别是眉头至鼻侧部位的阴影。同时增强脸颊的立体感，腮红斜向施打，让儿童式的脸部成熟起来。

（二）脸部三庭距离的调整

1.上庭的调整

（1）额头长。额头长有两种情况：一是额头长且脸型长；二是额头长但脸型短。

当额头长且脸型长时，适合在发际线处挑出“童花式”刘海遮挡额头，这样整个脸型也不显得长了。如果没有办法留刘海，就需要在额头上半部到发际线处多修饰阴影。

当额头长但脸型短时，则适合用斜向刘海遮挡一部分额头，这里刘海要有透气感，同时用抬高整体眉毛的方式调节额头长度会比较合适。当然，额头连接发际线处还是要有一些阴影过渡，让长额头向后退一些。

（2）额头短。额头短也有两种情况：一是额头短但脸型长；二是额头短且脸型短。当额头短但脸型长时，同样适合用刘海遮挡住发际线和一部分额头，但此时刘海的分挑处要高过发际线，视觉上以为发际线上移了，额头变长了。如果没有办法留刘海的话，用压低整体眉毛的方式调节额头长度会比较合适。当额头短且脸型短时，最好的方法是重修发际线，我们传统中叫“开脸”，这样额头和脸型都不短了。如果没有办法重修发际线，就应在额头连接发际线处多多提亮，在发鬓角部位多修饰些阴影，使额头在视觉上拉长一些。

2.中庭的调整

中庭的长短主要是指鼻部的长短，我们在前面鼻部的修饰里已经讲到过方法了，可参考项目四任务四中各种鼻部的修饰技法。

3.下庭的调整

（1）鼻唇距离调整。

鼻唇距离太近：鼻唇距离太近会给人以撅嘴的感觉，可能是由于鼻子太尖太长，也可能是本身人中部位比较短造成的。修饰方法是在鼻头部位修饰些阴影，人中部位多多提亮，还有把上唇线遮盖掉，重新描绘薄一些的上唇轮廓。

鼻唇距离太远：鼻唇距离长会给人感觉聪明而机灵，但是太远就有拉长了脸的感觉，这可能是上唇太薄，也可能是人中部位比较长造成的。修饰方法是人中部位涂抹阴影，注意不要太深，不然会像留胡子。还有就是加厚上唇，重新描绘唇峰位置，注意比例一定要适中。

（2）下巴的调整。

下巴长：下巴长会显得人很老成，如果想要更年轻靓丽些，需要在下巴的底部延伸到脖子加强阴影的使用。还可以加重颏唇沟的阴影，提亮下巴中央，增强下巴的立体感，立体效果强烈了自然就不显得长了。

双下巴：双下巴圆而长，会显人老，需要在下巴的底部延伸到脖子加强阴影的使用。

下巴短：下巴短会显得人很幼稚，很孩子气，如果想要更成熟稳重一些，需要提亮整个下巴直至脖子，还需在下巴两侧修饰少许阴影。同时，下唇稍薄。

（三）脸部五眼距离的调整

从正面观，左右耳孔之间的距离一般为五只眼睛的距离，完美型的脸部比例为五眼距离相等。但是现实中总有不完美之处，当然每种情况都有很多种修饰技法，我们可以选用其中的几种，也可以全部用上，但是整体妆容一定会很浓，所以具体实施时要视具体情况而定。

1.两眼距离太近

两只眼睛离得近，给人机灵和敏锐之感，但也会在一定程度上留下拘谨、狭隘、严厉的印象。双眼之间应有一只眼宽度的距离，小于这个距离，就会使鼻梁偏窄。

（1）在化眼妆时，要把重点移向外眼角，外眼角处的眼线略向上方延伸，眼睛大的将上下眼线靠近汇合，眼睛小的分离后再汇合，眼影色重点渲染外眼角。但外眼角所做的延伸不能过分，否则会因为外眼角向外扩延而使黑眼珠靠近，看上去像“对眼”。

（2）将外眼角部分的睫毛用睫毛夹夹卷后再涂染睫毛膏，在条件许可的情况下，在靠近外眼角处粘上一小段假睫毛，效果将更好。如需粘贴整段假睫毛，一定注意把假睫毛往外移一点距离，使睫毛的重点后移，从视觉上拉开双眼距离。

（3）画眉毛时，如果眉型合适就在颜色上淡化眉头，如果眉头较近就要修除一些眉头的眉毛，使两眉间距拉开。

（4）弱化鼻侧影，淡化鼻根处的立体感，让人的视觉从两眼之间的最窄处移开。

（5）腮红位置也可稍稍向脸两侧移，红色会转移人的注意力。

2.两眼距离太远

两只眼睛之间的距离偏大，会使眉间、鼻梁、内眼角这个脸部的重要地带显得平板、结构松散而缺乏立体感。

（1）运用色彩的明暗对比来加强凹凸起伏。在鼻梁上涂明亮色，在鼻梁的两侧涂上阴影色，内眼角外侧可提亮。

（2）加重内眼角处的眼影晕染，与鼻侧影自然衔接，还可加强眼窝处的结构阴影。

（3）眼线从内眼角往中间拉，外眼角的眼线不要拉长。上眼线描画前重后轻、前浓后淡。

（4）涂睫毛膏时，将重点放在内眼角至中间的部分。如果戴假睫毛，注意选择睫毛方向都是朝前方的，不要挑选朝后方的，否则尽管单独看眼睛很妩媚，整体却会使两眼间距更开。

（5）眉梢与外眼角的色彩与线条要简单、柔和。对比之下，就会由于内眼角处色彩丰富、明暗对比强而产生生动的立体感，使比较松散的双眼间距拉短。

（6）腮红位置也可稍向脸部中间移，在两眼下方位置的红色会让人注意力集中。

（7）刘海中间长，有几缕刘海长至眉间，可丰富两眼间距，平衡整体五眼的间距。

3.大小眼

大小眼有两种情况：一是本身眼睛轮廓存在左右大小不一；二是由左右双眼皮褶

皱的不对称引起的大小不一。

第一种情况，采取不对称的眼线画法矫正，小一些的眼睛参照大一些的眼睛，画较粗的眼线，扩大眼睛轮廓，大一些的眼睛只需紧贴睫毛根部画很细的眼线。还可通过不对称的眼影和假睫毛矫正，小一些的眼睛眼影晕染宽一些，假睫毛贴得高一些。

第二种情况，主要采取粘贴美目贴的方式，较窄的双眼皮参照较宽的双眼皮来粘贴，使两个眼睛基本相同。

二、局部与整体的协调

局部与整体的协调是指五官及局部修饰与脸型的协调，主要通过对眉型、五官、脸颊等部分的形态与色彩的特别修饰来实现。要能从理论上、方法上进行系统总结，不能硬搬硬套，注意在掌握规律性的同时依据实际操作中遇见的各种复杂问题，灵活运用理论常识，这样才能在实践中得心应手。

总的来讲，五官及局部修饰与脸型的协调要注意以下几方面的内容：

（1）对照理想脸型，以椭圆为标准。人的脸型或多或少有些缺点，要仔细、客观分析各种脸型的具体问题，以理想脸型“椭圆脸”的特点为矫正的参考标准。可将椭圆脸型放在各种脸型的内部和外部比较，找出两者之间的差距。

（2）合理利用加减法。加减法是修正脸型时所用方法的概括。通过化妆的方法，以椭圆脸型为标准对脸廓、五官、眉、腮红等的形态做视觉上的加减处理，从而帮助调整脸型。其主要是通过线条和色彩的视觉效果作用来改变脸型。

（3）线条的运用。脸廓、五官、眉型都由线条组成，调整各部分的线条，也能对脸型有修正作用。横向线条有拉宽感，纵向线条有拉长感，弧线显柔和，带棱角的线显硬度。如眉的调整，当增加或减少眉的纵向感时，可以调整脸的长度；当增加或减少眉的横向感时，可以调整脸的宽度。又如腮红的调整，改变腮红的斜度，就可调整脸的长度。

（4）色彩的运用。深色、冷色有收敛效果，浅色、暖色有膨胀效果。通过妆色深浅和冷暖色调的改变可以调整脸型。

（5）掌握对比法的运用。以五官、局部与脸型的关系为例，五官越小脸大者越显脸大，眉越长倒三角形脸越显尖，五官越圆越会突出圆脸的圆等。所以，通过适当调整五官大小、调整五官及局部的线条、调整脸部色彩冷暖和深浅，可以完成脸型的修正。

（一）圆脸型的修饰技巧

圆脸型的特点在于脸宽，局部的协调就要在视觉上设法缩减宽度，拉长脸型。

1.圆脸型适合的眉型

眉毛的基本形态，应避免水平状，适合双眉上挑，形成眉峰带些棱角感的弧形眉，能增加眉毛与眼睛之间的距离，也可拉长脸型。但圆弧形的线条要有变化，弧形转折处的位置要视具体情况而定。

2.圆脸型适合的眼型

圆脸型如果再配上圆眼睛那就会显得突出。当然想要更成熟妩媚一些的话，就需要拉长眼型轮廓，上眼线带些角度，下眼线加个转角，眼影的重点向后晕染，加重眼部结构，视觉上有突破圆形的效果。

3.圆脸型适合的鼻型

长鼻子会在视觉上改变圆脸的印象，眉头适当高一点，和鼻侧影融合后使鼻子显长；或者提亮鼻梁时比原来窄一些，也可以有拉长脸型的效果，但是一定要注意把握分寸，如果太过狭窄会和圆脸轮廓形成强烈对比，显得很不自然。

4.圆脸型适合的唇型

圆脸型如果再配上圆润的嘴唇就会显得脸更胖，建议圆润的唇型改为稍带棱角的唇型。唇峰最高点和唇底不变，从嘴角向上下拉直线，活泼中不乏成熟的女人味。

5.圆脸型适合的腮红

圆脸型需要将脸型拉长变窄些，又需要硬朗些。在眼睛的下方至颧骨涂上浅色腮红，如肉色、浅棕色等。尽量把腮红刷竖着扫，会吸引人们的视线往脸部中央移，形成收缩感，减弱圆脸型的宽度。还可以在颧弓下方的凹处选择稍深一些的腮红色，如红棕色、棕色等，由这条色带在脸上纵向切割，将人的视线作上下引导，从而产生理想的瘦脸效果。注意这一深一浅两色腮红应是同一色调的。

（二）长脸型的修饰技巧

长脸型的外观特征是宽度不足，长度有余。局部修饰的要点是注意引导人的视觉走向宽广，避免长条状的形和色。

1.长脸型适合的眉型

眉毛可以适当拉长，由此而产生的视觉会使脸型显得宽一些。对于平直宽松的眉毛，可根据对象具体情况来做适当的高低调整。眉眼间距比较大的，可以把眉的上部修掉一些，再将下部用眉笔精致地添画，以减少眉眼的间距。除非眉眼间距近，否则尽量不要在长脸上画上挑的细眉，这样的眉型会使脸显得更长。

2.长脸型适合的眼型

为了配合拉长的眉毛，眼睛的整体感觉也要往两边走。因此长脸型较适合偏长圆型的眼型，拉长拉宽外眼角部位的眼线，微微上扬，加重加宽外眼睑部位的眼影，使视觉上往两边移。

3.长脸型适合的鼻型

避免强调整个鼻梁的立体效果，那样会使脸更长。适当弱化鼻侧影，鼻梁在最高处稍做提亮。如果化妆对象是长脸型，又是塌鼻子，那么可选择分段的立体方式，如提亮鼻根处、加重眼窝处的侧影；或提亮鼻梁处、加重鼻梁处的侧影；或提亮鼻头、加重鼻翼处的侧影。三处不可同时进行。

4.长脸型适合的唇型

厚唇能适当弱化下巴的长度，因此长脸型适合饱满丰润的唇型，上唇峰中央V形部位不变，上下唇均加厚些，温柔中增添妩媚、动人的风情。

5.长脸型适合的腮红

长脸型适合横向的腮红打法，对长脸型进行分割，便能使其改观，即在脸颊部位涂上腮红后，自然过渡至鼻梁，使腮红在脸上形成一个色彩横切面，要注意色彩之间的柔和衔接。此外，在鼻尖、下巴甚至额头上也加上适度的浅红色，效果亦不错。

（三）方脸型的修饰技巧

方脸型的外观特征，是棱角太过分明，硬朗有余而温柔不足。局部修饰化妆的要点是注意引导人的视觉走向柔和，避免过硬的线条、块面、明暗转折。

1.方脸型适合的眉型

方脸型适合利用眉型协调脸部的比例并增强柔和感，眉型不应过分强调棱角，宽大的额部加上棱角分明的眉型，会加重整个脸部的硬度。眉毛的颜色不宜太浓，浓眉会使方脸的人看上去很严肃。柔美的弧度加强的高挑眉型既能缓解额头两侧的棱角感，又显得特别有女人味。

2.方脸型适合的眼型

方脸型的女性适合又大又圆的眼型，这样既能吸引人的视觉不去注意方脸，又可以缓和脸部的棱角感，显得柔美靓丽。加高加宽上眼线中间部位，眼尾不要拉长，直接微微上扬，加重上眼睑褶皱处眼影，渐渐往后晕染。

3.方脸型适合的鼻型

方脸型适合挺拔立体的鼻型，好与脸型协调。提亮鼻梁，加重鼻侧影以产生立体效果。如果是偏短的方脸型，鼻梁提亮处略微收窄；偏长的方脸型，鼻梁提亮处略微放宽。

4.方脸型适合的唇型

脸颊的方轮廓线在视觉上和唇部在同一横线上，如果唇型再带棱角，就会感觉整个人太厉害。因此方脸型适合弧度变化很大的唇型，下唇底部中央内陷，形成浅浅的下唇峰，自由开朗中带有纯情浪漫的色彩。

5.方脸型适合的腮红

方脸型需要使脸显得柔和些。腮红的位置要大且是三角形，斜形腮红使脸瘦些，色彩不宜太艳丽，可选用偏肤色、中性柔美的腮红色，如桃粉红、橘粉红、珊瑚红等，以打圈的方式涂在颧骨及周围。如想营造冷艳时尚的欧式感觉，则方脸女性最适合用偏冷的深色腮红，如玫瑰红、紫红等，斜扫颧弓下陷，增强立体感。

即学即练 4-12

老师先示范方脸型矫正与五官修饰化妆，然后安排学生两两互相练习，学生遇到问题可以向老师请教。学生将完成的效果拍照，并记录练习中遗漏的要点、遇到的问题和解决方案等。

（四）正三角脸型的修饰技巧

正三角脸型的外观特征，是脸的下半部分太过宽广，并且显得比较肥胖。局部修饰的要点是注意引导人的视觉往脸的上半部分移，避免加重下半部分，如不适合戴下垂式的耳环和项链。

1.正三角脸型适合的眉型

可利用眉型的改变来加宽脸的上部比例。眉毛适当向脸廓外缘延长。眉峰的位置略向外移。眉型的总体倾向要有一定的弧度，平而直的眉毛会显得呆板。眉毛要有立体感与层次感。在形式与色彩上都要有变化，做到浓淡相宜、疏密错落，以形成生动活泼的眉型。再配上适合的发型，就会使脸上部显得丰满，从而转移人们对宽大下颌的注意。

2.正三角脸型适合的眼型

正三角脸型要把人的视觉重点向上移，那就需要一双迷人漂亮的眼睛，因此正三角脸型适合平行四边形的眼型。加重加宽上眼线的前半部，由粗过度到细，眼尾处再起翘，弯曲度非常大，下眼线也带些转折，加重眼窝结构处的眼影。

3.正三角脸型适合的鼻型

上半部脸的重点已经在眉眼上，就不要再过分强调鼻根处的修饰了，否则会使本来就窄的上半部脸显得太过拥挤。因此，正三角脸型适合将鼻子修饰得自然些，提亮鼻梁处，并略微收窄。

4.正三角脸型适合的唇型

正三角脸型如果再强调嘴唇，会让人更注意到大而胖的脸颊和下巴，所以一定要弱化唇型和唇色。其适合现在比较流行的裸色系唇膏和透明唇彩，沉稳中增添随和亲切的魅力。

5.正三角脸型适合的腮红

正三角脸型需要额头加宽些、脸型立体些。宜选用浅色膨胀腮红，如肉红色、淡桃红色、浅朱红色等，横着扫于额头两侧、太阳穴及颧骨处。也可选用深色腮红，如红棕、棕色等，涂于颧弓下陷处。

（五）倒三角脸型的修饰技巧

倒三角脸型的外观特征，是柔美不足，尖刻有余。局部修饰化妆的要点是注意引导人的视觉走向柔和，避免硬线条的形状和块面。

1.倒三角脸型适合的眉型

眉型不应过分强调棱角，宽大的额部加上棱角分明的眉型，会加重整个面部上重下轻的视觉。理想的眉型应该是自然柔和的圆弧形，眉峰略向内移，眉梢若是深色，应变为淡色，并很自然地消失。这样，由两边的眉峰、外眼角和下巴所形成的夹角变小，会在视觉上减弱上大下小的感觉。

2.倒三角脸型适合的眼型

适合圆润的大眼睛，以缓和脸型的棱角感。加重内眼角处的眼线和眼影，眼影的重点是从外眼角向内眼角晕染，把人的视觉往中间移。

3.倒三角脸型适合的鼻型

加重鼻根处的提亮和眼窝处的侧影，让人不去注意太宽的额头。其适合小巧挺拔的鼻型，圆润可爱的鼻头可缓解脸型的尖刻感。

4.倒三角脸型适合的唇型

倒三角脸型下巴显得特别尖和长，下唇底部稍稍加厚可以缓解这种感觉。倒三角脸型会给人有些尖刻的感觉，在描画上唇时沿两边嘴角微微上翘，描画出微笑的形态，聪明智慧中带有甜美温婉的柔情。

5.倒三角脸型适合的腮红

倒三角脸型需要额头收窄些，脸颊圆润些。可选用深色腮红涂于额头两侧与发际线相连；选择明亮些的腮红，如粉红、橘红、肉红色等，横扫于颧弓下陷处。

（六）菱形脸型的修饰技巧

菱形脸型的外观特征是颧骨太引人注意，脸部棱角分明，柔美不足。局部修饰的要点是注意引导人的视觉远离颧骨，整体走向柔和，避免硬线条的形状和块面。

1.菱形脸型适合的眉型

此脸型女性容易让人产生很严厉的感觉，因此眉型应纤细柔和，平缓眉弓，眉毛适当向脸廓外缘拉长，眉峰的位置略向外移。眉型的总体倾向要有一定的弧度，自然的圆弧形最佳。

2.菱形脸型适合的眼型

其适合圆形的眼睛，但是不能太大太夸张，否则配上菱形脸会有瞪眼的厉害感。眼影的重点是向中间晕染，或加重内眼角处的眼影，转移人的注意力，而不关注眼睛两侧的高颧骨。

3.菱形脸型适合的鼻型

其适合圆润小巧的鼻型，可缓解脸型的棱角感。鼻子提亮和阴影之间的转折处一定要晕染柔和，过渡自然。

4.菱形脸型适合的唇型

菱形脸型给人感觉脸小，适合两边嘴角内收、弧度圆润饱满的小嘴，成熟干练中增添古典柔情的韵味。

5.菱形脸型适合的腮红

菱形脸型需要额头与脸颊都圆润起来，减弱棱角感。可选用浅色膨胀腮红，如肉红色、淡桃红色、浅朱红色等，横扫额头两侧至发际线，再从颧弓下陷处开始斜向下涂至耳根，也可选深色腮红涂于下巴后陷处。

任务实施

方脸型矫正与五官的修饰化妆实践演练

一、任务准备

1.将学生分成若干组，每组两人，每两组为一队。

2.学生各自完成妆前护肤。

3.学生提前准备好妆前乳、粉底液、遮瑕膏、高光、阴影、定妆粉、眉笔等化妆用品及工具。

二、任务要求

1.每队中一组进行眉毛化妆训练；另一组做评分员，并承担视频录制任务。

（1）方脸型矫正与五官的修饰化妆训练组中，两人轮流做化妆师。

（2）化妆师根据模特的肤质及肤色，选用合适的化妆用品。

（3）化妆师按照修眉→涂抹妆前乳→涂抹粉底→矫正脸型→定妆→画眉等步骤为模特化妆。

2.两组对调工作。

三、任务评价

1. 每队的两组组员按评价表内容互相进行评价。

2. 各组学生根据评价表及自身表现分析各自的优缺点，并针对失误之处提出改正方法，填在“个人评价”一栏中。

3. 老师选出妆效最佳的一组，根据对应视频中的化妆手法和效果进行点评。

实训任务评价见表4–7。

表4–7　　实训任务评价表

实训任务	方脸型矫正与五官的修饰化妆实践演练				
学生姓名	第（　　）队 第（　　）组				
要求	评价				备注
	组员1		组员2		
	是	否	是	否	
所选化妆品是否适合模特的肤色及肤质					
化妆工具使用是否正确					
妆前面部整理是否正确					
模特的脸型判断是否正确					
面部底色塑造手法是否正确					
修眉的方法是否正确					
眉型描画是否对称、适合脸型					
鼻子修饰方法是否正确					
唇部修饰方法是否正确					
面颊修饰方法是否正确					
定妆是否合理					
步骤是否完整没有遗漏					
个人评价					

德技兼修

感受惊艳唐妆，领略华夏之美

在孕育了东方古典文化的中国，生活在这片土地上的人们对美学的探究从未停止，从原始社会延续至今。在当代的美妆文化中，依然可以发现前人的身影。

惊艳唐妆，引领世界潮流。华贵鲜艳，人们常常这样形容牡丹，用牡丹形容妆容艳丽大胆的唐朝女子最为精妙。一改前朝风尚，花颜云鬓、黛眉轻挑、妆容浓艳成为唐朝女子的典型妆容，后世称“唐妆”。

唐妆的妆面多用桃红、紫红等华丽大气的颜色，由此又称为红妆。“去年今日此门中，人面桃花相映红”，据说杨贵妃夏天流下的汗都是红色的。在唐妆中，女性会涂上厚厚一层颜色偏白的底色。这其实就是现在化妆步骤中的上粉底，整体妆容强调线条感，鲜艳的红妆与底色形成鲜明对比，被认为更能彰显女性的妩媚姿仪。此外，还会在额间涂上黄色，称为“鸦黄”。

唐朝的眉妆样式繁多，流行眉型短阔斜上挑的“蛾眉”，同时喜欢用人工石黛画眉，这使得翠眉成为后世美女的代称。唇色多采用玫红、桃红色，作“朱唇”，美似花瓣并有意缩小的唇型合上时显得非常娇美，甚是可爱。至于腮红，一般都会将其晕染至发髻线边缘处。再有就是口脂，皇帝赏赐口脂给军士用来防止冬日嘴唇皲裂，而煎紫草而成的“紫口脂”则是女性专用，也便是现代意义上的润唇膏和口红了。正是由于唐朝清明开放的政治生态，加上强盛的国力，长安成为国际化大都市，万邦朝拜，大唐成为世界各国学习的典范，才有了世人皆知的鉴真东渡和一批又一批遣唐使。唐妆走在时尚潮流的最前沿，唐朝女子个个都是美妆达人。

资料来源　美妆博物馆. 有一种Fashion叫“东方美”[EB/OL]. [2023-11-24]. https://mp.weixin.qq.com/s/xZmENSgGlBpUnX9LhACvvg.

思政元素：文化自信　工匠精神　文明交流互鉴

思政感悟：党的二十大报告指出，“深化文明交流互鉴，推动中华文化更好走向世界”。唐代为美学文化交流提供了典范，让东方美妆文化走向世界，离不开与世界各国美妆文化的交流联系。我们应博采众长，更要植根于古典传统美学，保持东方美妆的鲜明特色。

学习效果综合测评

一、填空题

1.粉底主要由基础底色、(　　)、(　　)三种色调构成。

2.底色对脸型的修饰主要运用（　　）的表现技法来塑造外轮廓。对照理想脸型，以椭圆为标准；合理利用加减法，主要通过不同（　　）、(　　)底色的运用，做视觉上的加减处理，调整脸型。

3.局部与整体的协调是指五官及局部修饰与脸型的协调，主要通过对眉型、五官、脸颊等部分的（　　）与（　　）的特别修饰来实现。

4.眼影色彩的选择与其他艺术设计中的色彩选择有所不同，其通常与人物角色、环境、身份、情境、肤色、服装色彩等分不开。眼影色有（　　）、(　　)、(　　)、装饰色等。

5.唇膏的颜色应与服装整体色调搭配协调。年轻的女性宜选用（　　）系列的口红，显得清新可人；年长的女性宜用自然稳重的唇红色，显得端庄优雅；肤色太浅的女性不宜用（　　）的唇膏。

二、问答题

1.修饰与改变五官的技法有哪些?

2.局部与整体协调的修饰技法有哪些?

3.眼影的修饰技法有哪些?

4.利用色彩/光影进行面部整体协调的修饰技法有哪些?

5.在纸上练习画各种眉毛。

三、绘图题

1.在绘图纸上练习眼影的修饰化妆。

2.在绘图纸上练习眉型的描画。

四、操作技能考核题

1.涂底妆的化妆操作。

2.眼睛的修饰化妆操作。

3.各种脸型与五官的修饰化妆操作。

5 项目五 生活艺术化妆造型

生活艺术化妆有别于表演艺术化妆，它服务于生活，是用途最广、类型最多、局限最少、模式最少的一种与人们生活最接近的化妆。它是以美化人的容貌或整体形象为目的的美容专业技术，具有因人、因地、因时而异化妆的特点，在化妆上强调扬长避短、追求自然、注意整体、创造个性的化妆原则。化妆师要熟练地掌握不同妆型的用色和操作，正确地表现妆型的特点。

任务一 日妆造型

◎任务导入

任务描述：

日妆也称淡妆，其应用范围较为广泛。本任务可选择以下案例之一进行设计：

1.清新的学生妆容，能带给人单纯、甜美、阳光之感，在化妆时要注重整个妆容清纯感的塑造。

2.干练的职业妆容，一般要求淡雅、自然、妆效持久，主要用于表现职业女性优雅、成熟的风韵。职业妆容也可以根据工作环境或活动场合进行适当调整，但不宜浓妆艳抹。

3.宛如无妆的裸妆，顾名思义，就是看起来仿佛没有化过妆一样的妆容。没有丝毫的痕迹，却看起来比平日精致了许多，这是裸妆给人的第一印象。裸妆能令肌肤呈现出宛若天然的无瑕美感，彻底颠覆了以往化妆给人的厚重与“面具”的印象，成为时尚美女们倍加宠爱的新潮妆容。

训练目标：

1.掌握日妆造型的知识点；

2.能够制订设计方案，按照正确的操作流程完成日妆造型；

3.培养学生的服务意识和沟通能力。

训练要求：

1.设计表达正确；

2.操作流程规范；

3.操作手法准确。

训练时间：

4课时+课余时间。

知识准备

一、日妆特点

知识点27

生活妆（微课）

日妆用于人们日常生活和工作中，表现在自然光线和日光灯下，要求对面部进行轻微修饰，以达到与服装、环境等因素的和谐统一。无论什么妆型，妆色都要求清淡、典雅、协调自然，化妆手法要求精致，不留痕迹，妆型效果自然生动。

二、日妆造型的要点

（一）肤色的修饰

根据皮肤的性质和颜色来选择粉底，粉底的颜色要选择接近本人天然肤色的色系，使肤色显得自然真实。粉底涂抹要薄而均匀，过厚的粉底会使肤色在自然的光线下失真，涂抹时要注意面部与脖颈的底色相衔接。皮肤质感细腻的人，使用粉底时不需做全脸的遮盖，可做“T”字位局部涂抹，在接近面部边缘几乎不要有任何颜色。用这种真假结合的方式，能增强肤色的可信性。皮肤有瑕疵者可在使用底色之前用遮瑕膏先进行遮盖，但要注意遮瑕膏与粉底要自然衔接，使面部的肤色洁净自然。

使用无色透明的蜜粉为皮肤定妆，可减少皮肤过多的油光和防止脱妆，避免皮肤出现斑驳。

（二）眉眼的修饰

眼影多采用单色晕染法，晕染面积要小，用色要与服饰、环境相协调，不宜使用较夸张的晕染方法。睫毛线根据眼型描画，线条要流畅自然，注意虚实结合。睫毛浓密、眼型条件好的可不画睫毛线，只需强调睫毛的漂亮曲线和浓度。眼型、睫毛条件一般者，可选用黑色或棕黑色眼线笔描画睫毛线，画完后要用笔揉开，尽量使其自然。睫毛膏的颜色多选用棕黑色和黑色。眉色多选用棕黑色或灰黑色。眉毛要描画自然，虚实结合，也可先用眉刷蘸上眉粉刷出眉毛的浓度，再用眉笔做进一步修整。

（三）面颊红和唇红的修饰

颊红颜色要清淡柔和，如果肤色健康、着装素雅，可免去这一程序。唇色应与整体妆色协调统一，最好选择接近天然唇色的口红颜色。描画时尽量保持唇的自然轮廓。

知识点28

职业装（微课）

（四）发型与服饰

日妆搭配的发型与服饰，要与人的气质、职业、环境及所出席的场合等方面相协调，整体造型要简洁大方，具有时尚感。

训练指导

一、准备工作

1.服务准备

（1）服务区准备。

①整理服务区，准备服务所需产品及工具。

②清洁消毒双手及工具。

③化妆师规范着装，佩戴口罩。

④根据妆面需要调试化妆光源。

（2）准备产品及工具。

2.妆前准备

（1）修眉。

①对眉毛周围皮肤进行清洁。

②根据顾客眉型特点，与顾客沟通确定眉型。

③为避免使用镊子修眉造成眼部红肿影响化妆效果，应选择刀片或电动修眉刀修理眉型。

（2）为了使妆面服帖自然，可在化妆前使用补水面膜敷面10~15分钟，增强面部的滋润度。

（3）清洁皮肤。使用蘸有化妆水的棉片擦拭皮肤，补充水分的同时对皮肤表层进行清洁。

（4）涂润肤产品，滋润皮肤。

（5）涂抹定妆液。

二、肤色修饰

1.隔离

隔离指保护皮肤、收缩毛孔、增加皮肤滋润度。

2.涂抹粉底

粉底的厚度可根据模特的条件进行调整。皮肤有光泽、弹性好，底色可薄一些；年龄偏大，面部有雀斑、黄褐斑等瑕疵，底色可偏厚一些；面型不够理想，面部缺乏立体感，可适进行面型的调整。

3.定妆

应选用透明质地的定妆粉，避免破坏底妆及皮肤的质感。

4.使用修容饼调整面部结构

使用修容饼调整面部结构，可以增强面部立体感。

三、眼部修饰

要描画自然的眼线，使眼睛有神。以浅淡的色系或咖啡色系的眼影抹出层次，以增强立体效果。应避免大面积涂抹色感重的眼影，眼睛要给人以清晰感。

睫毛应配合妆面设计要求进行简单修饰，以自然的根状感为宜。

四、眉毛修饰

画眉时补描即可，眉色不宜太深，眉型不宜太粗，可选用眉粉进行晕染，以避免轮廓线过于生硬，否则会产生不自然的感觉。

五、唇部修饰

采用颜色浅淡自然的口红色，体现唇部结构轮廓。一般可用两种色彩来表现：一种是表现唇型的珊瑚红、棕红色，另一种是有自然滋润效果的西柚红、豆沙粉。

六、面颊红的修饰

面颊红要求自然、干净，可采用浅色或中间色彩的腮红，如珊瑚色或淡粉色。

七、定妆

使用粉扑蘸取少量透明色定妆粉对面部再次进行定妆，避免破坏肤色及皮肤质感。

八、发型修饰

知识点29

裸妆（微课）

发型梳理上，避免刻意雕琢破坏原始自然的状态。若无特殊要求，应使用护发或定型产品对发型的走向及发丝的质感进行修饰。

即学即练 5-1

老师先示范日妆造型如何修饰眼部、眉毛及唇部，然后安排学生两人一组互相练习，学生遇到问题可以向老师请教。学生将完成的效果拍照，并记录练习中造型的要点及遇到的问题和解决方案等。

任务实施

日妆造型实践演练

一、任务准备

1. 将学生分成若干组，每组三人。

2. 准备化妆品、工具、卸妆产品。

3. 学生各自完成妆前护肤。

二、任务要求

1. 一人做化妆师，一人做模特，一人拍摄化妆过程视频。

2. 三人轮流做化妆师，为模特分别打造一个完整的清新学生妆容、职业妆容、裸妆。

三、任务评价

1. 老师选出妆效最佳的作品（清新学生妆容、职业妆容、裸妆各一个），并根据对应视频中的化妆手法和效果进行课堂点评。

2. 课下老师通过观看视频给每名学生打分。

3. 每名学生根据评价表及自身表现，分析各自的优缺点，并针对失误之处提出改正方法，填在评价表的“个人评价”一栏中。

实训任务评价见表5–1。

表5–1　实训任务评价表

实训任务	日妆造型实践演练		
学生姓名	第（　）队 第（　）组		
妆容案例			
评分标准	分值	实际得分	备注
整体妆容自然、美观	15		
所选化妆品适合模特的肤色与肤质	5		
化妆工具使用正确	10		
底妆清透、自然	10		
眼妆完整、自然	10		
眉型描画自然、对称、适合脸型	10		
唇妆美观	10		
腮红色彩合适、过渡自然	10		
合计	80		
个人评价			

任务二 新娘妆造型

新娘妆根据用途以及展示的空间可分为婚礼新娘妆和演示新娘妆，婚礼妆造型包括婚纱造型、礼服造型、中式服装造型、休闲造型等。演示新娘妆用于表演或比赛。新娘妆的造型要根据新娘的职业、性格、年龄等因素确定总体化妆风格，并将其贯彻到不同段的造型中。

子任务一 经典白纱新娘妆造型

◎任务导入

任务描述：

经典白纱新娘妆以人物为主体进行化妆造型设计，在不同场景及光线的作用下可更好地营造白纱新娘妆的意境，结合景物的色彩进行妆面造型设计，使人物和景物相协调。

训练目标：

1. 掌握白纱新娘妆造型的知识点。
2. 能够制订设计方案，按照正确的操作流程，完成白纱新娘妆整体造型。
3. 培养学生的服务意识和沟通能力。

训练要求：

1. 设计表达正确。
2. 操作流程规范。
3. 操作手法准确。

训练时间：

8课时+课余时间。

知识准备

经典白纱新娘妆常用于婚礼及婚纱造型的拍摄中，在白纱的衬托下可更好地表现女性清新、甜美的特征。如今，高清晰的画面捕捉对经典白纱新娘妆效果有着更高的要求，在妆面设计上应趋于自然、淡雅，强调皮肤的质感，妆效需保证牢固持久。

经典白纱新娘妆造型要求如下：

经典白纱新娘妆可分为具有青春活力的活泼可爱风格、浪漫优雅风格、端庄成熟稳重的高贵风格和时尚前卫的混搭风格等。化妆师在造型过程中应根据新娘自身的特点进行不同风格的塑造，了解造型中的经典细节，更好地展现出新娘的气质，切不可将一种化妆造型手法通用，应避免千人一面的效果。随着时代的发展，清浅、干净的裸妆正逐步成为主流妆效。这类妆效能更好地表现出人物自身的特质，在化妆过程中需要化妆师找到人物面部五官的重点进行描画，更好地体现人物的个性。

在化妆造型中，整体色彩的选择与搭配也是十分重要的，色彩可更为准确地诠释妆容中的情感，明确地表现造型风格。例如，轻柔、明亮度高的色彩可带来清新、靓丽的感觉，而大地色系、墨绿色等浑浊的色系能够将高贵、稳重体现得淋漓尽致。

除了色彩上的表达，妆容细节上的刻画也能反映出风格的定位。例如，略带弧度且具有立体感的眉毛能体现出人物高贵优雅的气质，要表现年轻、清新的感觉则需选择平直偏粗的眉型。在新娘妆造型中，发型也可表现出不同的风格定位。例如，散落的卷发可表现出自然清新的效果，光滑的包发、盘发则能更好地表现出高贵优雅的气质。

白纱新娘妆整体造型中的配饰也逐步由繁变简，自然的花卉及单一色调的配饰可以更好地与白婚纱礼服相协调，在适当点缀的同时为整体造型增添了活力。使用鲜花造型可以更好地衬托新娘的柔美，突出妆面的精致感。

训练指导

知识点30

经典白纱新娘妆（微课）

一、准备工作

根据经典白纱新娘妆的妆面要求准备所需要的化妆品及工具。

二、肤色修饰

经典白纱新娘妆底妆最大的特点是薄、润、透，体现肤色质感。化妆中粉底要呈现水润、柔和的底妆效果，更好地体现出皮肤质感。

1.隔离、修颜

根据顾客肤色、肤质正确选择隔离和修颜产品，涂抹于面部以调整肤色。

2.涂抹粉底

（1）使用小号刷子隐去肌肤纹理。蘸取粉底遮盖三角区内的三条纹路，即眼袋下面的笑纹、鼻翼两侧的法令纹、嘴角延长线的纹路。

（2）使用中号粉底刷让粉底贴合。沿着肌肤纹路斜向涂抹粉底，起到遮瑕、上色的作用，使粉底达到自然贴合的效果。

（3）使用大号粉底刷蘸取少量粉底拍打、按压面部，使粉底更加服帖。

3.定妆

在底妆中，定妆的处理尤为重要，把握定妆的厚度及密度，可更好地表现薄、润、透的自然肤质。使用散粉刷少量蘸取定妆粉打圈涂抹于面部，使用粉扑蘸取定妆粉，重点按压眼下、唇角和鼻翼等容易脱妆的部位，使用掸粉刷扫去面部多余浮粉，让定妆粉和粉底更好地融合。

三、眼部修饰

眼妆在整体妆面中占据着重要的地位。通过观察顾客的眼部轮廓进行矫正，根据服装特点及化妆的需要正确选择眼妆产品。经典白纱新娘妆眼部化妆效果以眼神灵动、温婉为原则，展现新娘美丽动人的一面。

1.调整眼型

根据顾客眼部条件使用美目贴，对眼型进行调整。

2.晕染眼影

（1）使用大号眼影刷蘸取乳白色哑光眼影调整眼部结构，进行眼部二次定妆。

（2）使用眼影刷，可选用平涂技法涂抹眼影，眼影用色不可过于浓重，应符合新娘温婉的气质。

（3）使用亮色眼影强调眼部结构。

3.描画眼线

（1）使用眼线笔描画眼线，眼线不可夸张，适当拉长勾画出上眼睑结构即可。

（2）使用眼线液再次强调眼部结构。

4.睫毛处理

（1）使用睫毛夹处理睫毛，达到自然弯曲的效果。

（2）贴假睫毛。可选用自然型假睫毛，强调真实感，增加强毛的浓密度，使眼部结构更加立体。

（3）涂抹睫毛膏。使用睫毛膏将真假睫毛更好地衔接在一起。

四、眉毛修饰

眉毛的描画需突出眉毛的真实感，不宜过重，以平缓柔和的眉型体现白纱新娘温婉、柔美的特点。

（1）画眉。使用浅色眉笔顺着眉毛的生长方向填补缺失的眉毛，确定眉型，增强眉毛的完整性。

（2）扫眉。使用眉扫少量蘸取眉粉将眉笔的勾线与眉毛衔接，使眉毛看上去更加生动。

五、面颊红的修饰

经典白纱新娘妆的面颊红要根据整体妆容的特点进行设计，配合新娘温婉、柔美的形象。面颊红的涂抹只需调整面部气色，给人自然健康的感觉，不可过于夸张。可使用腮红刷打圈式涂抹腮红，涂抹面积不宜过大，腮红过渡应自然且无明显痕迹。

六、唇部修饰

唇部修饰可选用色彩柔和的唇部修饰产品，为了给人以温婉、柔美的形象，可以采用质地水润的同色系唇彩增强唇部立体感。

（1）涂唇膏，唇膏涂抹不可过厚，避免唇纹的出现。

（2）在唇珠位置小面积且少量涂抹唇彩，避免拍摄过程中唇彩涂抹面积过大造成反光。

七、定妆

使用粉扑蘸取少量定妆粉对面部进行定妆。

八、发型修饰

1.发型

白纱新娘妆造型应考虑新娘的气质及身形条件。选择发型时，应考虑到整体效果，避免使用编发，从整体结构上考虑发型造型，应多使用盘发、包发手法设计、制作发型。配合场景的条件也可选用披散式发型，呈现出新娘可爱、活泼的特点。

2.饰品

可选用真实的花卉作为装饰，提高整体造型的柔和感和自然感。

即学即练 5-2

经典白纱新娘妆造型作为实用化妆，对化妆师的审美及色彩的感知能力要求较高，需要化妆师正确选择及搭配妆色，掌握不同光源下妆色的变化。老师先示范经典白纱新娘妆造型如何修饰眼部、眉毛及唇部，并完成整体造型。然后安排学生两人一组互相练习，学生遇到问题可以向老师请教。学生将完成的作品拍照，并记录练习中造型的要点、遇到的问题和解决方案等。

任务实施

经典白纱新娘妆造型实践演练

一、任务准备

1.将学生分成若干组，每组三人。

2.准备化妆品、化妆工具、卸妆产品。

3.学生各自完成妆前护肤。

4.其中，一人做化妆师，一人做模特，一人拍摄化妆过程视频。

5.三人轮流做化妆师，为模特打造经典白纱新娘妆造型。

二、任务评价

1.老师选出化妆造型效果最佳的作品，并根据对应视频中的化妆手法和效果进行课堂点评。

2.课下老师通过观看视频给每名学生打分。

3.每名学生根据评价表及自身表现，分析各自的优缺点，并针对失误之处提出改正方法，填在评价表的“个人评价”一栏中。

实训任务评价见表5-2。

表5-2　实训任务评价表

实训任务	经典白纱新娘妆造型实践演练		
学生姓名	第（　　）队 第（　　）组		
妆容案例			
评分标准	分值	实际得分	备注
整体妆容自然、美观	15		
所选化妆品适合模特的肤色与肤质	5		
化妆工具使用正确	5		
底妆清透、自然	5		
眼妆完整、自然	10		

续表

评分标准	分值	实际得分	备注
眉型描画自然、对称、适合脸型	10		
唇妆美观	5		
腮红色彩合适、过渡自然	5		
经典白纱新娘妆头发造型	10		
服饰、头饰搭配整体效果	10		
合计	80		
个人评价			

子任务二　欧式礼服新娘妆造型

◎任务导入

任务描述：

欧式礼服新娘妆造型主要凸显新娘的高贵与典雅，造型师要根据新人的肤色特质来为其挑选颜色、款式、面料合适的欧式礼服，妆面需要配合服装及发型的整体风格及色调来进行设计。

训练目标：

1．掌握欧式礼服新娘妆造型的知识点。

2．能够制订设计方案，按照正确的操作流程，完成欧式礼服新娘妆整体造型。

3．培养学生的服务意识和沟通能力。

训练要求：

1．设计表达正确。

2．操作流程规范。

3．操作手法准确。

训练时间：

8课时+课余时间。

知识准备

欧式礼服新娘妆造型需要配合场景及服装进行设计描画。拍摄场景通常通过精美的地毯、多彩的织物和精致的壁挂来体现其富丽堂皇，再运用轻快纤细的曲线装饰打造出典雅大气的欧式风格。无论是在细节的处理上，还是在整体上，都带给人舒适浪漫之感。

欧式礼服新娘妆造型要求如下：

1.注重整体风格的庄重与奢华

欧式礼服新娘妆造型以浓郁的欧式风格为主题。新娘礼服以奢华隆重为基调，颜色丰富，突出层次感，剪裁和做工考究，风格简约。妆容上也需根据背景的色调及主题进行调和，选择色彩饱和度较高的颜色进行修饰，可更好地突出人物的高贵气质。拍摄所用的背景影调厚重，画面以欧式建筑为主。道具方面多选用欧式花瓶、色彩浓郁的干花、复古家具、古典钢琴和烛台等。

2.强调面部五官的立体结构

欧式礼服新娘妆造型以凸显人物面部的立体感为主，常用大气、低调、浓郁的油画色彩体现妆面的质感。其重点强调面部轮廓及五官的立体结构，利用五官的重点描画突出人物的个性。在化妆过程中应将所有五官作为重点，需要化妆师分析模特面部特征，突出五官优势，避免呈现出重点过多、无特点的妆容。

知识点31

欧式礼服新娘妆（微课）

训练指导

一、准备工作

根据欧式礼服新娘妆的妆面要求准备化妆品及化妆工具。

二、肤色修饰

欧式礼服新娘妆的底妆比经典白纱新娘妆略浓，可突出皮肤白皙、红润的特征，需根据模特的肤色及肤质正确选择底妆产品，在遮盖面部瑕疵及均匀肤色的同时进行面部轮廓结构的调整。

1.隔离、修颜

根据模特肤色、肤质正确选择隔离及修颜产品，涂抹于面部调整肤色，并使用遮瑕产品重点遮盖面部细小瑕疵。

2.涂抹粉底

（1）使用贴近肤色的粉底整体修饰面部，均匀肤色。

（2）使用亮色的粉底调整面部内轮廓，强调面部立体感。

（3）使用深色的粉底调整外轮廓，收缩脸型。

（4）基色粉底、亮色粉底、深色粉底之间衔接自然。

3.定妆

用浅色的定妆粉涂于浅色粉底的部位，使用暗色的定妆粉涂于有阴影色粉底的部位。这样明暗关系会更加明显，妆面不会发灰，保持时间较长。

三、眼部修饰

眼部是面部表情最为丰富的地方。欧式新娘化妆需强调眼部立体感，可选择饱和度较高的色彩作为眼影色，运用深浅对比的搭配色系，可增强眼部的立体效果。利用亮色眼影强调眉骨及突出眼部结构，强调眼部轮廓。

1.调整眼型

使用略宽的美目贴或双层贴调整眼睑结构，增加双眼皮的宽度。

2.晕染眼影

画眼影时将眼窝晕染出凹陷的效果，将眉弓骨和眼球中央位置提高，形成结构对比。

3.描画眼线

眼线可适当加粗，上眼线眼尾拉长呈现上翘的效果。

（1）使用眼线笔描两眼线，眼线可略夸张。

（2）使用眼线液再次强调眼部结构。

4.睫毛处理

（1）使用睫毛夹处理睫毛。在贴假睫毛时可较好地配合假睫毛的卷度，使真假睫毛更好地结合为一体。

（2）贴假睫毛。根据眼型可选择适当浓密的假睫毛，更好地凸显眼部的轮廓。

（3）涂抹睫毛膏。使用睫毛膏将真假睫毛更好地衔接在一起。

四、眉毛修饰

眉型可根据妆面的整体设计进行适当调整，为增添高贵的气质可选择略向上挑的眉型，使眉眼距离拉宽。

（1）画眉。使用眉笔顺着眉毛的生长方向确定眉型。

（2）扫眉。使用略深于眉笔色的眉粉涂抹于眉毛的中部，用于增强眉毛的立体感。

五、面颊红的修饰

涂抹腮红时为了突出面部结构感，腮红可选择低明度、中纯度的色彩。将腮红的涂抹位置上移，从笑肌的三分之二处向外眼角处延伸。腮红边缘过渡自然，腮红面积不可过大。

六、唇部修饰

欧式礼服新娘妆唇部主要突出新娘自然、性感的一面。上唇较扁平，下唇偏方，呈船底形。唇色可配合妆色选择较为艳丽的色彩，表现出唇部丰满的状态。

（1）勾画唇线，矫正唇部轮廓。

（2）唇膏涂抹需保证填色均匀、饱满。

（3）使用唇彩涂抹于唇珠位置，增强唇部立体感。

七、定妆

使用粉扑蘸取少量定妆粉对面部进行再次定妆，确保妆面的持久度。

八、发型修饰

1.发型

发型需突出欧式礼服的高贵气质，以盘、包、卷等技法为主，可适当使用假发来增加发量及发型的高度。

2.饰品

可选择璀璨的皇冠或饰品衬托出新娘的高贵气质，亦可选择夸张的帽饰进行点缀，使整体造型协调统一。

即学即练 5-3

欧式礼服新娘妆造型具有梦幻、高贵的特点，拍摄时妆面应与服装、背景协调统一。老师先示范欧式礼服新娘妆造型如何修饰眼部、眉毛及唇部，并完成整体造型，然后安排学生两人一组互相练习，学生遇到问题可以向老师请教。学生将完成的欧式礼服新娘妆造型作品拍照记录，并记录练习中造型的要点、遇到的问题和解决方案等。

任务实施

欧式礼服新娘妆造型实践演练

一、任务准备

1.将学生分成若干组，每组三人。

2.准备化妆品、化妆工具、卸妆产品。

3.学生各自完成妆前护肤。

4.其中，一人做化妆师，一人做模特，一人拍摄化妆过程视频。

5.三人轮流做化妆师，为模特打造一个欧式礼服新娘妆造型。

二、任务评价

1.老师选出妆效最佳的作品，并根据对应视频中的化妆手法和效果进行课堂点评。

2.课下老师通过观看视频给每名学生打分。

3.每名学生根据评价表及自身表现，分析各自的优缺点，并针对失误之外提出改正方法，填在评价表的“个人评价”一栏中。

实训任务评价见表5-3。

表5-3　实训任务评价表

实训任务	欧式礼服新娘妆造型实践演练		
学生姓名	第（　）队 第（　）组		
妆容案例			
评分标准	分值	实际得分	备注
整体妆容自然、美观	15		
所选化妆品适合模特的肤色与肤质	5		
化妆工具使用正确	5		
底妆清透、自然	5		
眼妆完整、自然	10		
眉型描画自然、对称、适合脸型	10		
唇妆美观	5		
腮红色彩合适、过渡自然	5		
欧式礼服新娘妆头发造型	10		
服饰、头饰搭配整体效果	10		
合计	80		
个人评价			

子任务三　中式古典新娘妆造型

◎ 任务导入

任务描述：

华丽繁复的刺绣、端庄秀美的裙褂蕴含于浓浓的中国红之内，散发出特有而精致的魅力。中式古典新娘妆能较好地表现新娘典雅、端庄的温婉韵味。化妆要着重表现新娘在艳丽中不失清纯、华贵中映衬温柔的女性魅力，暖色的妆面与服装相协调。传统的中式服装具有东方的古典美，可以充分体现女性的曲线美，突出新娘的女性魅力。服装造型上绚丽的红色及闪耀的金色给新娘增添了雍容华贵之感。

训练目标：

1. 掌握中式古典新娘妆造型的知识点。
2. 能够制订设计方案，按照正确的操作流程，完成中式古典新娘妆整体造型。
3. 培养学生的服务意识和沟通能力。

训练要求：

1. 设计表达正确。
2. 操作流程规范。
3. 操作手法准确。

训练时间：

8课时+课余时间。

知识准备

中式古典新娘妆需要化妆师利用色彩来表现新娘的古典韵味。由于受到服装色彩的限制，在妆色的选择上要尤其慎重，避免单一的色彩破坏整体造型。妆面需配合新娘的气质营造出古典的韵味，体现出吉祥、喜庆的特点。

一、妆容要求

精致的妆容才能展现中国女性大家闺秀的优雅气质，不宜浓妆艳抹。艳丽的色彩出现在妆面上时只可重点强调，避免将浓郁的色彩用于整个妆面，使妆面失去平衡感。因此，在拍摄婚纱照之前，要避免浓妆。中式古典新娘妆需体现妆面的质感，区别于白纱造型中自然柔和的状态。为配合精致的服饰，可适当调整粉底的厚度，增强面部五官的立体感，传达出浓厚的中式古典传统女性的气息。

二、常用妆色

（1）柔粉。柔淡轻雅、温柔婉转一直是公认的中国式美女的最佳印象，柔和的淡粉正是放大这种温婉的典型色彩，所以要以粉色来渲染婉约。

（2）金色。富丽的金色为新娘增添了雍容华贵之感，闪耀的色泽与金属感的妆容交相辉映，能够折射出新娘特有的高贵气质。

（3）中国红。中国红是中国人彰显喜庆欢愉的标志色，新娘在大喜之日自然更不能规避，鲜亮的大红色正是点亮新娘幸福时光的重要元素。

三、礼服选择

（1）龙凤褂。适合整场婚礼仪式，上衣是褂，下装是长裙，绣金丝银线，需要耗费较大的人力与精力手工制作，图案奢华具有仪式感，上等面料制作。正红色是婚嫁礼服，图案包含龙凤式样，是最正式、最具有代表性的中式嫁衣。

（2）秀禾服。改良后的中式礼服源于戏剧中的龙凤褂，款式图案品种较多，更便捷一些，改良后也适合婚礼场合穿戴，刺绣工艺包含中式传统的含蓄与优雅，同时富含了端庄的仪式感。

（3）汉服。不同朝代有着不同的款式风格，更具有复古气息，整体较为飘逸，款式颜色选择众多，需要根据自身的需求结合朝代进行款式选择，不过有拖尾的汉服不适合敬酒仪式，行动不便捷。

（4）旗袍与唐装。它们是具有浓郁时代气息的中式嫁衣之一，一般用于敬酒仪式，不适合作为主婚礼礼服穿戴，贴身短款开衩的风格方便新人招待宾客，尽显新娘的美妙身姿，款式风格较多，可以根据自身需求选择，不过一般选择正红色的人居多。

四、注意事项

中式古典新娘妆造型致力于传承华夏文明，在传统文化与现代服饰间寻求契合点，因此需要注意以下问题：

（1）风格。完美的婚纱照能够展现新人各种不同的个性，庄重的中式婚纱照就是人们常见的站姿、坐姿照，是对传统女性美的彰显；搞怪的中式婚纱照是新人个性的传达，根据自己的理解，摆出不同的姿势和表情，让现代女性美和古典美成为婚纱照最大的亮点。

（2）韵味。中式婚纱照讲究古典美。小家碧玉、窈窕淑女是古代中国对新娘的要求，神情上还要用含蓄的笑容、害羞的神情、温柔的眼神，将中国新娘的古典气质完整呈现在众人眼前。

（3）妆容不可过浓。虽然中式婚礼讲究红色大喜，但是在中式新娘妆上是不需要太过“浓重华丽”的。中式新娘妆的整体展现需要服装、发饰、面容姿态等多个方面相互配合，并不仅限于妆容。所以为新娘化妆的时候，要以自然合理为主。

知识点32

中式古典新娘妆（微课）

一、准备工作

根据中式古典新娘妆的妆面要求准备化妆品及化妆工具。

二、肤色修饰

中式古典新娘妆着重强调肤色的洁白细腻，通常选用质感细腻、遮盖力强的膏质粉底来表现皮肤如凝脂般的健康质感，利用高光色与阴影色来强调面部的立体结构，晕染要自然柔和。粉底不能涂抹过厚，否则皮肤在很厚的粉底覆盖下易出汗及分泌油脂，易使妆面脱落。

（1）隔离、修颜、遮盖瑕疵。

（2）涂抹粉底。由于中式古典新娘妆需强调底妆的质感，因而在涂抹工具上可选择粉底海绵进行修饰，在确保质感的同时，使用深浅不同的粉底调整面部轮廓，突出面部立体结构。

（3）定妆。为配合喜庆的特点，可选有珠光效果的定妆粉进行定妆。

三、眼部修饰

中式古典新娘妆眼影的颜色相对浅淡，可以用黑色眼线和睫毛膏强调眼睛的轮廓，最好用浓密型睫毛膏增加睫毛的浓密程度，使眼睛更有神韵。

1.调整眼型

根据眼型的特征使用美目贴或生丝纱进行矫正。

2.晕染眼影

眼影的晕染面积不要过大，可以使用浅浅的粉红、水蜜桃红、珊瑚红和橙红等暖色晕染。为避免产生红眼皮的效果，可采用1/3晕染的方法，即在眼睑的外1/3处由睫毛根向上淡扫眼影，并用白色眼影在眼球、眉骨处提亮，加强眼部结构的立体感，使眼影效果自然柔和。若眼型条件不佳（如浮肿、下垂等），则使用棕色或浅棕色眼影晕染，可减缓眼睛浮肿等感觉。

3.描画眼线

睫毛线可使眼睛明亮有神，线条描画要清晰整齐，但不能生硬。

4.睫毛的处理

刷黑色睫毛膏可提升眼睛神采，并可借助自然的假睫毛增强眼睛的明亮程度。

四、眉毛修饰

眉毛形状视脸型、眼型特点而定。眉色需根据服装的色彩进行深浅度的调整，可选用棕色、黑色眉笔或眉粉描画，虚实过渡自然柔和。传统的中式婚礼跟西式婚礼是完全不一样的，眉毛不宜描画太粗，要选择比较中式的柳叶眉、弯月眉。

五、面颊红的修饰

面颊红要浅淡柔和，配合暖色调的礼服和妆容，腮红可以选择橘色、淡粉色、棕色。想准确地将新娘妆的浓度界定在浓妆、淡妆之间，最有效的方法就是将颊红色的浓度减淡。

六、唇部修饰

唇妆是中式古典新娘妆的重点，色彩应该更鲜艳，和礼服相呼应。唇红色与服装色、眼影色搭配和谐，并要牢固持久。

七、定妆

使用粉扑蘸取少量定妆粉对面部进行再次定妆，确保妆面的持久度。

八、发型修饰

1.发型

中式古典新娘妆的头发最好是长发，头发过短可以选择古装假发头套代替。发型造型上常用发髻来表现端庄优雅的气质，亦可配合编发增强复古感。在发型制作中需注意真假发的衔接。前发区可用复古的刘海进行点缀，给人以干净清爽的感觉。

2.饰品

除了我们熟悉的凤冠外，中式古典新娘饰品要精致，颜色多以金色、红色为主。

即学即练 5-4

中式古典新娘妆造型应与服装、背景协调统一。

老师先示范中式古典新娘妆造型如何修饰眼部、眉毛及唇部，并完成整体造型，然后安排学生两人一组互相练习，学生遇到问题可以向老师请教。学生将完成的中式古典新娘妆造型作品拍照，并记录练习中造型的要点、遇到的问题和解决方案等。

任务实施

中式古典新娘妆造型实践演练

一、任务准备

1.将学生分成若干组，每组三人。

2.准备化妆品、化妆工具、卸妆产品。

3.学生各自完成妆前护肤。

4.其中，一人做化妆师，一人做模特，一人拍摄化妆过程视频。

5.三人轮流做化妆师，为模特打造一个中式古典新娘妆造型。

二、任务评价

1.老师选出妆效最佳的作品，并根据对应视频中的化妆手法和效果进行课堂点评。

2.课下老师通过观看视频给每名学生打分。

3.每名学生根据评价表及自身表现，分析各自的优缺点，并针对失误之处提出改正方法，填在评价表的“个人评价”一栏中。

实训任务评价见表5-4。

表5-4　实训任务评价表

实训任务	中式古典新娘妆造型实践演练		
学生姓名	第（　）队 第（　）组		
妆容案例			
评分标准	分值	实际得分	备注
整体妆容自然、美观	15		
所选化妆品适合模特的肤色与肤质	5		
化妆工具使用正确	5		
底妆清透、自然	5		
眼妆完整、自然	10		
眉型描画自然、对称、适合脸型	10		

续表

评分标准	分值	实际得分	备注
唇妆美观	5		
腮红色彩合适、过渡自然	5		
中式古典新娘妆头发造型	10		
服饰、头饰搭配整体效果	10		
合计	80		
个人评价			

任务三 晚宴妆造型

◎ 任务导入

任务描述：

晚宴妆的妆色要浓而艳丽，五官描画可适当夸张，重点突出深邃明亮的迷人眼部和饱满性感的红唇。晚宴妆适用于气氛较隆重的晚会、宴会等高雅的社交场合，可依据服装的不同颜色和款式进行设计，显示女性的高雅、妩媚与个人魅力。色彩对比强烈，搭配丰富，加之环境和灯光因素，妆面色彩比一般日妆、生活妆浓一些。本任务可选择以下案例之一进行设计：

1. 社交晚宴妆，其光源一般为偏暖的光源，从而使面部较朦胧，因此妆面色彩要丰富，五官描画可适当夸张，充分体现女性的高雅、妩媚与个人魅力。社交晚宴妆要求妆色与服装色彩、服饰、发型协调一致。

2. 展示性晚宴妆，多用于参赛或技术交流，具有很强的创造性，是化妆比赛的重点项目。展示性晚宴妆能充分体现化妆师的综合素质，要求化妆师在规定时间内完成整体造型。

训练目标：

1. 掌握晚宴妆造型的知识点。
2. 能够制订设计方案，按照正确的操作流程完成晚宴妆造型。
3. 培养学生的服务意识和沟通能力。

训练要求：

1. 设计表达正确。
2. 操作流程规范。
3. 操作手法准确。

训练时间：

8课时+课余时间。

知识准备

晚宴妆也称为浓妆，适用于高雅的社交场合。在化妆上可依服装的不同颜色与款式，表现出艳丽、典雅等不同风格。晚宴妆根据应用的目的、场合的不同分为社交晚宴妆和展示性晚宴妆。

一、社交晚宴妆造型要点

1.肤色的修饰

用亮色对面部应突出的部位进行修饰，如鼻梁、额部中央、下颏等位置。用暗色收缩面部其余部位，帮助表现立体感，如外轮廓、发际线边缘、下巴下面的三角区、鼻侧影等。颜色选择要大胆、可信，位置力求准确。

2.眼睛和眉毛的修饰

眼睛、眉毛的修饰要明显，眼睛的修饰应漂亮得体、真实可信。眼线可描画得略粗，但要和睫毛修饰相结合。眼影重点增强眼部的凹凸结构。选择略带冷色以及珠光的化妆品。在眼部凸出部位，如眉骨的中央可以用少量带珠光成分的眼影作点缀。眼部凹陷部位可以选择深色显示，同时晕染色可以选择红色或暖色将眼部色泽表现得明艳动人。

3.颊红和口红的修饰

颊红可以选择带冷色调的玫红色、粉红色或是珊瑚红。在颧弓下路部位用阴影或修容饼表现面部的立体效果。口红色可使用明艳的大红色或玫红色，轮廓要用唇线笔描画清晰。口红要表现唇部的立体感。

4.发型与服饰

发型与服饰需要与妆面整体效果协调统一，整体造型要体现女性独有的个性魅力。

二、展示性晚宴妆造型要点

展示性晚宴妆多用于参赛或技术交流，具有很强的创造性。由于创作空间宽广，造型手段丰富、大胆，因此是化妆比赛的重点项目。展示性晚宴妆充分体现了化妆师的综合素质，要求化妆师在规定时间内完成整体造型。展示性晚宴妆造型要从以下几个方面入手：

1.设计主题

一个完美的作品要有明确的主题。正如写文章一样，先明确主题，而后围绕主题进行阐述。作为参赛的作品，必须在有主题的情况下进行创作构思，所有的手段如化妆风格、化妆色彩、饰物等都为主题服务。只有这样才能使作品在比赛中出类拔萃、与众不同，富有生命力。

2.肤色的修饰

进行肤色的修饰时，要选择遮盖力强的粉底，强调面部结构的立体感。参赛选手要控制好涂底色的时间。补妆是十分关键的，选手要根据场内的温度和模特的皮肤状态随时进行补妆。

补妆的方法：先用吸油纸，去除面部特别是额头、鼻翼等出油部位的多余油脂、汗液，再用定妆粉进行按拍。

3.眼眉的修饰

一个参赛作品既要看整体造型是否有突破，又要看局部特别是眼睛的描画方法是否有创意，晕染技巧是否娴熟，色彩搭配是否合理。眼影的处理是比赛重点。眼影晕染的形式要求具有前瞻性，色彩与主题相呼应。

任何化妆造型，都遵循“藏缺扬优”的原则，眉毛的处理根据模特情况可强调、可忽略，比赛中眼影的晕染是刻画的重点，眉毛必须起辅助作用。眉毛要求与脸型相适应，体现眉毛的虚实质感以及立体效果。

4.颊红和唇部的修饰

颊红色起协调整体妆面的效果，面积不宜过大，色彩应与眼影、口红相协调。唇部是女性面部的魅力点，女性妩媚、优雅的唇型对晚宴妆的造型起着烘托作用。因此，唇部的修饰地位仅次于眼影的描画。化妆中要求唇型丰满有立体感，色泽选择与整体相呼应。

5.发式修饰

发式造型要构思新颖，具有时尚性。所有艺术都来源于生活又高于生活，发式造型要以生活为基础进行创作，而不能以怪异来突出主题。

知识点33

晚宴妆（微课）

训练指导

一、准备工作

1.服务准备

（1）服务区准备。

①整理服务区，准备服务所需产品及工具。

②清洁消毒双手及工具。

③化妆师规范着装，佩戴口罩。

④根据妆面需要调试化妆光源。

（2）准备产品及工具。

2.妆前准备

（1）修眉。

①对眉毛周围皮肤进行清洁。

②根据模特眉型特点，与模特沟通确定眉型。

③为避免使用镊子修眉造成眼部红肿影响化妆效果，应选择刀片或电动修眉刀修理眉型。

（2）为了使妆面服帖自然，可在化妆前使用补水面膜敷面10～15分钟，增强面部的滋润度。

（3）清洁皮肤。使用蘸有化妆水的棉片擦拭皮肤，补充水分的同时对皮肤表层进行清洁。

（4）涂润肤产品，滋润皮肤。

（5）涂抹定妆液。

二、肤色修饰

1.隔离

隔离可以保护皮肤、收缩毛孔、增强皮肤滋润度。

2.涂抹粉底

粉底的厚度可根据模特的条件进行调整。皮肤有光泽、弹性好，底色可薄一些；年龄偏大，面部有雀斑、黄褐斑等瑕疵，底色可偏厚一些；面型不够理想，面部缺乏立体感，可适当进行面型的调整。

3.定妆

应选用透明质地的定妆粉，避免破坏底妆及皮肤的质感。

4.使用修容饼调整面部结构

使用修容饼调整面部结构，可以增强面部立体感。

三、眼部修饰

要注意描画合适的眼线，使眼睛有神。以浅淡的色系或咖啡色系的眼影抹出层次，以增强立体效果。应避免大面积涂抹色感重的眼影，眼睛要给人以清晰感。

睫毛应配合妆面设计要求进行修饰，以自然的根状感为宜。

四、眉毛修饰

画眉时眉色不宜太深，眉型不宜太粗，可选用眉粉进行晕染，以避免轮廓线过于生硬，否则会产生不自然的感觉。

五、唇部修饰

采用色彩艳丽的口红色，体现唇部结构轮廓。一般可用两种色彩来表现：一种是表现唇型的大红色、棕红色、玫瑰红，另一种是具有自然滋润效果的西柚红、豆沙粉、珊瑚红。

六、面颊红修饰

面颊红要求自然、干净，可采用浅色或中间色彩的腮红，如珊瑚色或淡粉色。

七、定妆

使用粉扑蘸取少量透明色定妆粉对面部再次进行定妆，避免破坏肤色及皮肤质感。

八、发型修饰

发型设计与梳理应与服饰风格及整体造型和谐。若无特殊要求，应使用护发或定型产品对发型的走向及发丝的质感进行修饰。

即学即练 5-5

老师先示范晚宴妆造型如何修饰眼部、眉毛及唇部，然后安排学生两人一组互相练习，学生遇到问题可以向老师请教。学生将完成的晚宴妆造型作品拍照记录，并记录练习中造型的要点及遇到的问题和解决方案等。

任务实施

晚宴妆造型实践演练

一、任务准备

1.将学生分成若干组，每组三人。

2.准备化妆品、工具、卸妆产品。

3.学生各自完成妆前护肤。

4.其中，一人做化妆师，一人做模特，一人拍摄化妆过程视频。

5.三人轮流做化妆师，为模特分别打造一个完整的社交晚宴妆造型、展示性晚宴妆造型。

二、任务评价

1.老师选出化妆效果最佳的作品（社交晚宴妆、展示性晚宴妆造型各一个），并根据对应视频中的化妆手法和效果进行课堂点评。

2.课下老师通过观看视频给每名学生打分。

3.每名学生根据评价表及自身表现，分析各自的优缺点，并针对失误之处提出改正方法，填在评价表的“个人评价”一栏中。

实训任务评价见表5-5。

表5-5 实训任务评价表

实训任务	晚宴妆造型实践演练		
学生姓名	第（　　）队 第（　　）组		
妆容案例			
评分标准	分值	实际得分	备注
整体妆容自然、美观	15		
所选化妆品适合模特的肤色与肤质	5		
化妆工具使用正确	5		
底妆清透、自然	5		
眼妆完整、自然	10		
眉型描画自然、对称、适合脸型	10		
唇妆美观	5		
腮红色彩合适、过渡自然	5		
晚宴妆头发造型	10		
服饰、头饰搭配整体效果	10		
合计	80		
个人评价			

任务四 烟熏妆

◎任务导入

任务描述：

烟熏妆其实就是“烟熏眼影”，因为烟熏妆与其他妆类的区别就在于眼影部位，画有烟熏眼影的妆面都可叫烟熏妆。烟熏妆通常以黑灰色为主，中心部位最深，到边缘变浅，在眼窝处形成深浅层次弥漫的眼妆效果。

训练目标：

1. 掌握烟熏妆造型的知识点。
2. 能够制订设计方案，按照正确的操作流程完成烟熏妆造型。
3. 培养学生的服务意识和沟通能力。

训练要求：

1. 设计表达正确。
2. 操作流程规范。
3. 操作手法准确。

训练时间：

4课时+课余时间。

知识准备

烟熏妆将眼影涂画在眼睛的四周，常常使得眼影和眼线成为一体，并沿着眼睑线向眼周大面积晕染推出，因而在眼窝部位弥漫开来形成类似于熊猫眼睛的状态。烟熏妆根据眼影的浓重程度和眼影范围的大小，可分为大烟熏和小烟熏。

烟熏妆非常适合东方女性，因为东方人的面部比较扁平，眼睛的部位比较突出，根据“亮进暗退”的视觉原则，能够取得眼窝深陷的效果。另外，烟熏妆对于眼睛形状不好的人有很强的修正和掩饰作用。

一、烟熏妆的特点

（1）浓烈的性格。烈焰红唇妆搭配着妖媚烟熏妆，充分地表现了人物的张力。使用粉底可以打造出面部白皙无瑕的质感，用黑色眼线进行晕染强调眼部轮廓，呈现出猫眼的感觉，鲜艳的唇色与眼妆形成鲜明的对比。

（2）结构的表达。通过色彩的搭配，打造出时尚的妆容。眼妆方面，使用彩色的眼影，过渡要自然，让眼睛更加立体。纤长的假睫毛让眼睛更显大而圆润。清透亮泽的粉色双唇、亮白的肌肤，更加凸显眼妆的魅力。

（3）自然的流露。写意的化妆风格可较好地诠释人物的天然特性，清透的底妆显露出自然的肌肤色彩，精致的眉妆让脸容看起来更有精神。

二、烟熏妆造型要点

（1）黑色或者黑色加不同的颜色，能够形成有丰富的表现力的烟熏妆。每一种颜色都有多种不同的色彩倾向，黑色也是一样，加入任何一种颜色都能够使黑色产生这种颜色的色彩倾向，但是高明度的色彩与黑色混合容易产生灰色，会显得脏而浮夸，因此要多用低明度、高纯度的色彩。

（2）在烟熏妆中，眼影的边缘随着黑色的减少本色就渐渐显露出来，形成丰富的色彩表现力。方法是先沿着眼线向外晕染选好的颜色，再用黑色罩染一遍，在外部轮廓处保留第一层的色彩。任何颜色都可以通过黑色来降低明度。黑色到彩色的弥漫程度能够表现丰富的效果，迷离、朦胧、深邃、神秘等是表现的主要特点。

（3）眼影晕染的范围大小和形状，可以灵活掌握，以形成具有不同表现力的眼妆形态。烟熏妆最关键的就是晕染技巧，根据眼窝形状将颜色揉推出丰富的渐变层次。

知识点34

烟熏妆造型（微课）

训练指导

一、准备工作

1.服务准备

（1）服务区准备。

①整理服务区，准备服务所需产品及工具。

②清洁消毒双手及工具。

③化妆师规范着装，佩戴口罩。

④根据妆面需要调试化妆光源。

（2）准备产品及工具。

2.妆前准备

（1）修眉。

①对眉毛周围皮肤进行清洁。

②根据模特眉型特点，与模特沟通确定眉型。

③为避免使用镊子修眉造成眼部红肿，影响化妆效果，应选择刀片或电动修眉刀修理眉型。

（2）为了使妆面服帖自然，可在化妆前使用补水面膜敷面 10 ~ 15 分钟，增强面部的滋润度。

（3）清洁皮肤。使用蘸有化妆水的棉片擦拭皮肤，补充水分的同时对皮肤表层进行清洁。

（4）涂润肤产品，滋润皮肤。

（5）涂抹定妆液。

二、肤色修饰

1.隔离

隔离可以保护皮肤、收缩毛孔、增强皮肤滋润度。

2.涂抹粉底

粉底的厚度可根据模特的条件进行调整。皮肤有光泽、弹性好，底妆可薄一些；年龄偏大，面部有雀斑、黄褐斑等瑕疵，底妆可偏厚一些；脸型不够理想，面部缺乏立体感，可适当进行面部的调整。

3.定妆

应选用透明质地的定妆粉，以避免破坏底妆及皮肤的质感。

4.使用修容饼调整面部结构

使用修容饼调整面部结构，可以增强面部立体感。

三、眼部修饰

眼妆利用了多种色彩营造层次感，而且颜色应逐层扫上，以塑造渐变效果。再加上幻彩紫色眼影略擦至眉骨的位置，令眼影效果富有层次变化。睫毛应配合妆面设计要求进行修饰，以略夸张的浓密感为宜。

四、眉毛修饰

画眉时眉色不宜太深，眉型不宜太粗，可选用眉粉进行晕染，以避免轮廓线过于生硬，否则会产生不自然的感觉。

五、唇部的修饰

采用色彩艳丽的口红色，体现唇部结构轮廓。一般可用两种色彩来表现：一种是表现唇型的大红色、棕红色、玫瑰红；另一种是有自然滋润效果的西柚红、豆沙粉、珊瑚红。

六、面颊红的修饰

面颊红要求自然、干净，多采用浅色或中间色彩的腮红。

七、定妆

使用粉扑蘸取少量透明色定妆粉对面部再次进行定妆，避免破坏肤色及皮肤质感。

八、发型修饰

发型设计与梳理应与服饰风格及整体造型和谐。若无特殊要求，应使用护发或定型产品对发型的走向及发丝的质感进行修饰。

即学即练5-6

老师先示范烟熏妆如何修饰眼部、眉毛及唇部，然后安排学生两人一组互相练习，学生遇到问题可以向老师请教。学生将完成的烟熏妆作品拍照，并记录练习中造型的要点及遇到的问题和解决方案等。

任务实施

烟熏妆实践演练

一、任务准备

1.将学生分成若干组，每组三人。

2.准备化妆品、工具、卸妆产品。

3.学生各自完成妆前护肤。

4.其中，一人做化妆师，一人做模特，一人拍摄化妆过程视频。

5.三人轮流做化妆师，为模特打造一个完整的烟熏妆造型。

二、任务评价

1.老师选出妆效最佳的烟熏妆作品，并根据对应视频中的化妆手法和效果进行课堂点评。

2.课下老师通过观看视频给每名学生打分。

3.每名学生根据评价表及自身表现，分析各自的优缺点，并针对失误之处提出改正方法，填在评价表的“个人评价”一栏中。

实训任务评价见表5-6。

表5-6 实训任务评价表

实训任务	烟熏妆实践演练		
学生姓名	第（　）队 第（　）组		
妆容案例			
评分标准	分值	实际得分	备注
整体妆容自然、美观	15		
所选化妆品适合模特的肤色与肤质	5		
化妆工具使用正确	5		
底妆清透、自然	5		
眼妆完整、自然	10		
眉型描画自然、对称、适合脸型	10		
唇妆美观	5		
腮红色彩合适、过渡自然	5		
烟熏妆头发造型	10		
服饰、头饰搭配整体效果	10		
合计	80		
个人评价			

任务五　欧式妆造型

◎任务导入

任务描述：

欧式妆不是生活中常用的妆类，对人物形象改变很大，多应用于舞台、摄影等场合。欧式妆重点在对眼睛和嘴唇的修饰，眼睛主要是用大地色系画出神韵和深邃，嘴唇主要是突出自然和性感。

训练目标：

1. 掌握欧式妆造型的知识点。
2. 能够制订设计方案，按照正确的操作流程完成欧式妆整体造型。
3. 培养学生的服务意识和沟通能力。

项目要求：

1. 设计表达正确。
2. 操作流程规范。
3. 操作手法准确。

项目时间：

4课时+课余时间。

知识准备

一、认识欧式妆

欧式妆又被称为“白种人妆”，是通过绘画的方法加强人面部结构的明暗对比，并用较浓重的色彩重新塑造五官，配合毛发与服装，完成在外形特征上向白种人转变的化妆造型方式。

生活中的欧式妆在保持女性原有特征的基础上，融入某些具有西方人特征的造型元素，面部呈现出些许异域风情。这些造型元素大致为面部结构及五官形状的西方化修饰、肤色的重塑、眼睛色彩的改变、毛发生长状态的改观，以及发色、发型的转变等。其中，毛发、眼睛、皮肤的色彩转变最能体现修饰后外形的改观，五官形状和面部结构的转变在细节上起到辅助作用，可以配合毛发等色彩做整体形象的重构，形成比较夸张的效果，也可以单独使用在展示类别的化妆中，使面部呈现立体化、明朗化的气象，具有一定的异域风情。

二、欧式妆的特征

欧式妆因需求不同，从而在外形改变的幅度方面有所差异。造型时可以在发色、发型、眼部做比较夸张的改变，色彩鲜亮大胆，装饰感很强；服饰方面可以搭配紧身衣、蕾丝花边、领针、缎带等具有西式符号的款型，或现代极简主义潮流服饰，风格强烈、亮丽，造型自由度很高，彰显青春个性。喜爱西方文化、时尚意识较强者也会将欧式造型元素用于生活化妆造型中，但在整体处理上则要含蓄得多，可佩戴深的彩色隐形眼镜，重视眼妆的处理，使眼睛形状大而有神，睫毛纤长妩媚，眉型利落清晰；毛发的色彩保持东方人的本色，即使染色，也以深棕色、酒红色等深色为主，对待挑染态度谨慎；服饰以常规通勤服装为主，注重服装的修身效果，利用丝巾、胸针等配饰体现设计感，在一定程度上是对西方经典着装习惯的引用。

三、欧式妆造型要求

1.形状的塑造

形状在一定程度上对结构有塑造和暗示的作用。西方人眼睛圆大，眼尾下垂，眼皮明显外双，睫毛纤长浓密，眉眼间距接近，眉型线条偏直；唇部口裂较宽，唇型较薄或丰满，形状大致为扁平偏方的状态。这些形状的特征用于妆容之中，需对局部形状进行微调，增加线条的转折和对比度，显现出西方人特征的优美部分，达到美化和改变容貌的目的。其中，眼妆比较复杂，但修饰效果最好，是欧式妆修饰的重点所在。

2.结构的塑造

欧式妆面部结构的塑造在于鼻梁和脸颊。与其他生活妆不同的是，欧式妆在塑造皮肤白皙、光滑的质地的同时，会利用几种不同的粉底色彩对面部进行立体修饰，并结合修容粉塑造鼻部和眼窝的立体效果，颊红的涂抹也围绕颧骨展开，颊红色分布相对集中。

3.色彩的辅助

有过戏剧舞台化妆经历的人深有体会，只要穿上洋装、戴上浅色卷发或胡须，以及夹鼻眼镜、礼帽等物，一个欧洲人的形象就呼之欲出了。色彩是最明显、最直接的造型符号，也是人种之间形象差异的根本特征之一，生活中相对夸张的欧式妆也需要借助色彩来凸显其特征，体现设计感和装饰性。西方人的眼睛、头发的色彩多样，明度较高，眼睛的瞳孔与虹膜对比较强，晶莹剔透，变幻多姿，有些人甚至两个眼睛的色彩都不相同。头发色彩偏浅，杂色较多，与柔软卷曲的发质共同构成丰富的层次感。皮肤为冷色调，白皙有斑，易生皱纹，偏紫的浅粉色是他们自然状态下的颊红色。在欧式妆的造型中，模特一般会佩戴浅色的隐形眼镜，再辅以冷色肌肤的塑造，将头发烫染成浅色的卷发或佩戴假发等，大幅度地改变形象。

知识点35

欧式妆造型（微课）

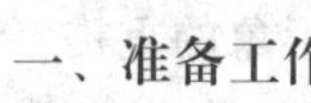

训练指导

一、准备工作

1.服务准备

（1）服务区准备。

①整理服务区，准备服务所需产品及工具。

②清洁消毒双手及工具。

③化妆师规范着装，佩戴口罩。

④根据妆面需要调试化妆光源。

（2）准备产品及工具。

2.妆前准备

（1）修眉。

①对眉毛周围皮肤进行清洁。

②根据模特眉型特点，与模特沟通确定眉型。

③为避免使用镊子修眉造成眼部红肿，影响化妆效果，应选择刀片或电动修眉刀修理眉型。

（2）为了使妆面服帖自然，可在化妆前使用补水面膜敷面 10 ~ 15分钟，增加面部的滋润度。

（3）清洁皮肤。使用蘸有化妆水的棉片擦拭皮肤，补充水分的同时对皮肤表层进行清洁。

（4）涂润肤产品，滋润皮肤。

（5）涂抹定妆液。

二、肤色修饰

1.隔离

隔离可以保护皮肤、收缩毛孔、增加皮肤滋润度。

2.涂抹粉底

粉底的厚度可根据模特的条件进行调整。皮肤有光泽、弹性好，底妆可薄一些；年龄偏大，面部有雀斑、黄褐斑等瑕疵，底妆可偏厚一些；面型不够理想，面部缺乏立体感，可适当进行面部的调整。

3.定妆

应选用透明质地的定妆粉，避免破坏底妆及皮肤的质感。

4.使用修容饼调整面部结构

使用修容饼调整面部结构，可以增加面部立体感。

三、眼部修饰

欧洲人普遍是大眼睛、双眼皮，所以美目贴要贴宽一些，假睫毛可以夸张些。欧式眼影有平涂欧式和结构欧式。采用结构画法涂眼影，先找到眼部的结构线，画眼影的同时自然将眼窝造成凹陷，将眉弓骨和眼球中央提高形成强烈对比，以浅淡的色系或咖啡色系的眼影抹出层次，以加强立体效果。应避免大面积涂抹色感重的眼影，眼睛要给人以清晰感。要注意描画的眼线，使眼睛有神。

四、眉毛修饰

眉峰应尽量偏高，使眉眼距离拉宽，眉毛画得立体些。

五、唇部修饰

白种人的上唇较扁平，下唇偏方，呈船底形，因此应使唇部色彩鲜艳，以此突出他们白皙的肤色。

六、面颊红的修饰

面颊红要求自然、干净，可采用浅色或中间色彩的腮红。

七、定妆

使用粉扑蘸取少量透明色定妆粉对面部再次进行定妆，避免破坏肤色及皮肤质感。

八、发型修饰

发型梳理上，应偏向自然的状态。若无特殊要求，应使用护发或定型产品对发型的走向及发丝的质感进行修饰。

即学即练 5-7

老师先示范欧式妆如何修饰眼部、眉毛及唇部，然后安排学生两人一组互相练习，学生遇到问题可以向老师请教。学生将完成的效果拍照，并记录练习中造型的要点、遇到的问题和解决方案等。

任务实施

欧式妆实践演练

一、任务准备

1.将学生分成若干组，每组三人。

2.准备化妆品、工具、卸妆产品。

3.学生各自完成妆前护肤。

4.其中，一人做化妆师，一人做模特，一人拍摄化妆过程视频。

5.三人轮流做化妆师，为模特打造一个完整的欧式妆。

二、任务评价

1.老师选出妆效最佳的欧式妆作品，并根据对应视频中的化妆手法和效果进行课堂点评。

2.课下老师通过观看视频给每名学生打分。

3.每名学生根据评价表及自身表现，分析各自的优缺点，并针对失误之处提出改正方法，填在评价表的“个人评价”一栏中。

实训任务评价见表5-7。

表5-7 实训任务评价表

实训任务	欧式妆实践演练		
学生姓名	第（ ）队第（ ）组		
妆容案例			
评分标准	分值	实际得分	备注
整体妆容立体、美观	15		
所选化妆品适合模特的肤色与肤质	5		
化妆工具使用正确	5		
底妆自然、立体	5		
眼妆完整、自然	10		

续表

评分标准	分值	实际得分	备注
眉型描画自然、对称、适合脸型	10		
唇妆美观	5		
腮红色彩合适、过渡自然	5		
欧式妆头发造型	10		
服饰、头饰搭配整体效果	10		
合计	80		
个人评价			

时尚摄影妆造型

◎任务导入

任务描述：

随着数码时代的来临，数码照片所拍摄的画面极为清晰，高像素的数码相机能把每个毛孔拍得一清二楚，这对时尚摄影妆的细腻度有着极高的要求。时尚摄影妆可以较好地诠释摄影作品的个性，可以利用多种化妆手段及产品对妆面进行修饰，利用色彩来表达作品的情感，也可利用基础彩妆产品结合人物本身的特点进行创作。

训练目标：

1. 掌握时尚摄影妆造型的知识点。
2. 能够制订设计方案，按照正确的操作流程完成时尚摄影妆整体造型。
3. 培养学生的服务意识和沟通能力。

训练要求：

1. 设计表达正确。
2. 操作流程规范。
3. 操作手法准确。

训练时间：

4课时+课余时间。

知识准备

化妆效果是功能、审美、艺术及文化等诸多要素的结合体。化妆师进行造型设计之前要与摄影师进行沟通，了解作品的拍摄主题所要表达的意图，结合模特自身个性特征，大胆尝试新的造型和创意。

一、妆面表达

时尚摄影妆的妆面表达可分为以下两种：

（1）大胆的妆面表达。时尚摄影妆中，创意化妆是最具有视觉冲击力及表现力的妆面。在化妆的过程中，可把更多外界元素渗入妆面上，以产生更好的效果，从而打造出一种具有创新的化妆概念与境界的妆容。化妆师可以根据自己的创意及设计理念，结合天马行空的想象，创作出前卫、时尚的造型作品。

（2）含蓄的妆面表达。利用模特自身特点，挖掘其独特的内在气质及神韵。化妆师可结合模特的外形优势，利用简单的妆面表达其独特的体征，创作出只属于模特本人风格的化妆造型作品，这考验了化妆师的观察力及技术功底。

二、化妆技巧

（1）贴。结合妆面的设计及表达意图，利用各种轻盈的纸张、羽毛和钻饰等点缀妆面，使创作本身更具活力。

（2）色块。利用饱和度较高的色块进行晕染，较为大胆地表现妆面的设计初衷，更好地突出作品的张力。

（3）光感。时尚摄影化妆对光的要求极高，通过光线的配合可以使作品立体化、个性化，表达出不同的时尚韵味。

三、创意思维

创意思维的精髓是反常规、新创造、新相关和新意境，人类的创意思维可以大致分为如下五个方面：

（1）实物的发明或革新。

（2）解决现实问题的新对策。

（3）制度的创新。

（4）纯理论的构想。

（5）主观认识的新变化。

知识点36

妆面手绘效果图（微课）

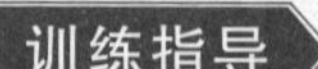
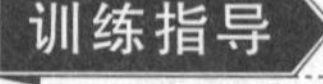

训练指导

一、准备工作

1.服务准备

（1）服务区准备。

①整理服务区，准备服务所需产品及工具。

②清洁消毒双手及工具。

③化妆师规范着装，佩戴口罩。

④根据妆面需要调试化妆光源。

（2）准备产品及工具。

2.妆前准备

（1）修眉。

①对眉毛周围皮肤进行清洁。

②根据模特眉型特点，与模特沟通确定眉型。

（2）清洁皮肤。

（3）涂润肤产品，滋润皮肤。

（4）涂抹定妆液。

二、肤色修饰

时尚摄影妆对底妆的要求较高，需要化妆师通过技术手段进行修饰，更好地表现皮肤的质感，为化妆作品的整体创作打下基础。

（1）隔离、修颜、遮盖瑕疵。

（2）涂抹粉底。时尚摄影妆底妆的厚度可根据妆效的整体要求进行修饰。较大胆的妆面则需要将粉底适当加厚，而表达模特自身体质的妆面则需要较薄的底妆对皮肤质地进行调整。

（3）定妆。根据妆面要求选择透明、珠光及彩色蜜粉进行修饰。

（4）使用修容饼调整面部结构。使用修容饼调整面部结构，可以增强面部立体感。

三、眼部修饰

时尚摄影妆对眼妆没有特定的要求，在眼妆修饰中可简单地表达，也可进行重点创作。眼影的表达种类较为丰富，大胆的色彩和色块、丰富的粘贴装饰、弱化的简单修饰和个性化眼部、高档化妆品的使用，均可较好地诠释时尚摄影妆的眼妆部分。

四、眉毛修饰

除必要的脸型修饰外，眉毛可以结合妆面的设计要求进行创作。

五、唇部修饰

唇部可作为重点表达，也可简单修饰。

六、面颊红的修饰

面颊红在时尚摄影妆中可作为主要部分出现，所以需要化妆师更好地掌握模特面部骨骼结构的特征，调整腮红的位置，保证妆面的最佳效果。

七、定妆

使用粉扑蘸取少量定妆粉对面部进行再次定妆，确保妆面的持久度，也可以使用有表现力的闪粉进行点缀。

八、发型修饰

利用大量的发饰进行点缀，时尚摄影妆的发型设计可根据妆面的特点进行创作。利用头发本身的特质进行盘包，配合假发进行设计，不做任何装饰点缀，表现发色、发质的原始状态。

即学即练5-8

老师先示范时尚摄影妆如何修饰眼部、眉毛及唇部，然后安排学生两人一组互相练习，学生遇到问题可以向老师请教。学生将完成的效果拍照，并记录练习中造型的要点、遇到的问题和解决方案等。

任务实施

时尚摄影妆实践演练

一、任务准备

1.将学生分成若干组，每组三人。

2.准备化妆品、工具、卸妆产品。

3.学生各自完成妆前护肤。

4.其中，一人做化妆师，一人做模特，一人拍摄化妆过程视频。

5.三人轮流做化妆师，为模特打造一个完整的时尚摄影妆。

二、任务评价

1.老师选出妆效最佳的时尚摄影妆作品，并根据对应视频中的化妆手法和效果进行课堂点评。

2.课下老师通过观看视频给每名学生打分。

3.每名学生根据评价表及自身表现，分析各自的优缺点，并针对失误之处提出改进方法，填在评价表的“个人评价”一栏中。

实训任务评价见表5-8。

表5-8 实训任务评价表

实训任务	时尚摄影妆实践演练		
学生姓名	第（ ）队 第（ ）组		
妆容案例			
评分标准	分值	实际得分	备注
整体妆容立体、美观	15		
所选化妆品适合模特的肤色与肤质	5		
化妆工具使用正确	5		
底妆自然、立体	5		
眼妆完整、自然	10		
眉型描画自然、对称、适合脸型	10		
唇妆美观	5		
腮红色彩合适、过渡自然	5		
时尚摄影妆头发造型	10		
服饰、头饰搭配整体效果	10		
合计	80		
个人评价			

任务七　创意妆造型

◎ 任务导入

任务描述：

化妆技法、色彩和材料在创意妆造型上得到了充分而大胆的运用。围绕一个明确的主题来进行创作，根据主题思想进行创意表现，并且创意妆往往与整体创意造型结合在一起，全方位地表现主题。

训练目标：

1. 掌握创意妆造型的知识点。
2. 能够制订设计方案，按照正确的操作流程完成创意妆整体造型。
3. 培养学生的服务意识和沟通能力。

训练要求：

1. 设计表达正确。
2. 操作流程规范。
3. 操作手法准确。

训练时间：

4课时+课余时间。

知识准备

一、认识创意妆

创意就是创新意识，是在对现实事物的理解和认知的基础上，所产生的形象的思维构思。创意妆是指以人的五官形貌为基础，通过形象思维，将文化科技、自然生态、表象与内涵、理性与感性等多种元素融入妆面中，从而形成独具创意的、夸张地表达某种主题的妆容。

创意妆的特点是建立在五官形貌生理形态的基础上，而又突破了正常生理形态的限制，充分发挥创意思维，展现构思的别具风格。创意妆围绕一个明确的主题来进行创作，这个主题可以通过理性思考获得，也可以是某个灵感的闪现。创意妆还具有很强的展示性和演绎作用，广泛应用于专业赛事、舞台化妆等领域。生活妆中对某个部位做适当的创意点缀，也能够对妆容起到良好的补充和提升作用。

二、创意的激发

创意妆的核心是创意，新颖独特的创意是创意妆成功的关键。激发创意，有多种渠道和办法，下面我们学习利用联想法来激发自己的创意。

联想就是要放飞思想，打破所有的思想禁锢，从某一个因素点引发无边的想象。不要怕产生错误的想法，最重要的是思维不要受到约束。我们可以从生活中看到和想到的所有东西中产生联想。比如，可以从某一种色彩上产生联想，从某一种形状上产生联想，从某一种动物或植物上产生联想，甚至可以从空间、时间等抽象的、无形的东西上产生联想。联想法具体又可以分为以下几种：

（1）仿生法：基于某种动物或者植物的形态产生联想。

（2）主题法：首先确定一个主题，然后围绕这个主题的内容和表现形式产生联想。

（3）反向思维法：即逆向思维联想，从事物或者现象的反方向思维的角度产生联想。

（4）花纹图案法：从某种花纹图案上产生联想。

（5）材料应用法：从生活中的某种材料上产生联想，如纸张、布料、金属等。

（6）色彩应用法：从某种色彩的情感方面产生联想。

（7）彩绘法：从彩绘技法上产生联想。

创意思维是一种极具创造性的活动，联想的方法也层出不穷，以上仅是一些常用的方法。要明白创意的要点是思想不受限制，这样就能够产生更多的构思和想象。

三、创意妆的材料

用来完成创意妆的材料和用品非常广泛，舞台化妆用的油彩及水溶彩绘膏都能够画出色彩艳丽且对比强烈的妆面。

创意妆面除了颜料，还需要广泛的辅助性材料，如各种纸张、亮片、羽毛、花草、美甲等。只要适合表现主题的，都可以用来化妆和造型。

知识点37

创意妆造型
（微课）

训练指导

一、准备工作

1.服务准备

（1）服务区准备。

①整理服务区，准备服务所需产品及工具。

②清洁消毒双手及工具。

③化妆师规范着装，佩戴口罩。

④根据妆面需要调试化妆光源。

（2）准备产品及工具。

2.妆前准备

（1）修眉。

①对眉毛周围皮肤进行清洁。

②根据模特眉型特点，与模特沟通确定眉型。

（2）清洁皮肤。

（3）涂润肤产品，滋润皮肤。

（4）涂抹定妆液。

二、肤色修饰

创意妆对底妆的要求较高，需要化妆师通过技术手段进行修饰，为整体造型的创作打下基础。

（1）隔离、修颜、遮盖瑕疵。

（2）涂抹粉底。底妆的厚度可根据妆效的整体要求进行修饰。较大胆的妆面需要将粉底适当加厚，表达模特自身特质的妆面则需要较薄的底妆对皮肤质地进行调整。

（3）定妆。根据妆面要求选择透明、珠光及彩色蜜粉进行修饰。

（4）调整面部结构。使用修容饼调整面部结构，可以增强面部立体感。

三、眼部修饰

创意妆对眼妆没有特定的要求，在眼妆修饰中可简单地表达，也可进行重点创作。

四、眉毛的修饰

除必要的脸型修饰外，眉毛可以结合妆面的设计要求进行创作。

五、唇部修饰

唇部可作为重点表达，也可简单修饰。

六、面颊红的修饰

面颊红在创意妆中可作为主要部分出现，所以需要化妆师更好地掌握模特面部骨骼结构的特征，调整腮红的位置，保证妆面的最佳效果。

七、定妆

使用粉扑蘸取少量定妆粉对面部进行再次定妆，确保妆面的持久度，也可以使用有表现力的闪粉进行点缀。

知识点38

创意妆手绘效果图（微课）

八、发型修饰

利用大量的发饰进行点缀，创意妆的发型设计可根据妆面的特点进行创作。利用头发本身的特质进行盘包，配合假发进行设计，不做任何装饰点缀，表现发色、发质的原始状态。

即学即练5-9

老师先示范创意妆如何修饰眼部、眉毛及唇部，然后安排学生两人一组互相练习，学生遇到问题可以向老师请教。学生将完成的效果拍照，并记录练习中造型的要点、遇到的问题和解决方案等。

创意妆实践演练

一、任务准备

1. 将学生分成若干组，每组三人。

2. 准备化妆品、工具、卸妆产品。

3. 学生各自完成日常护肤。

4.其中，一人做化妆师，一人做模特，一人拍摄化妆过程视频。

5.三人轮流做化妆师，为模特打造一个完整的创意妆。

二、任务评价

1.老师选出妆效最佳的创意妆作品，并根据对应视频中的化妆手法和效果进行课堂点评。

2.课下老师通过观看视频给每名学生打分。

3.每名学生根据评价表及自身表现，分析各自的优缺点，并针对失误之处提出改进方法，填在评价表的“个人评价”一栏中。

实训任务评价见表5-9。

表5-9 实训任务评价表

实训任务	创意妆实践演练		
学生姓名	第（　　）队 第（　　）组		
妆容案例			
评分标准	分值	实际得分	备注
整体妆容立体、美观	15		
所选化妆品适合模特的肤色与肤质	5		
化妆工具使用正确	5		
底妆立体	5		
眼妆完整	10		
眉型描画自然、对称、适合脸型	10		
唇妆美观	5		
腮红色彩合适、过渡自然	5		
创意妆头发造型	10		
服饰、头饰搭配整体效果	10		
合计	80		
个人评价			

德技兼修

生命的化妆

我认识一位化妆师。她是真正懂得化妆，而又以化妆闻名的。

对于这位生活在与我完全不同领域的人，我增添了几分好奇，因为在我的印象里，化妆再有学问，也只是在皮相上用功，实在不是有智慧的人所应追求的。

因此，我忍不住问她：“你研究化妆这么多年，到底什么样的人才算会化妆？化妆的最高境界到底是什么？”

对于这样的问题，这位年华已逐渐老去的化妆师露出一个深深的微笑。她说："化妆的最高境界可以用两个字形容，就是'自然'，最高明的化妆术，是经过非常考究的化妆，让人家看起来好像没有化过妆一样，并且这样化出来的妆与主人的身份匹配，能自然表现那个人的个性与气质。次级的化妆是把人凸显出来，让她醒目，引起众人的注意。拙劣的化妆是一站出来别人就发现她化了很浓的妆，而这层妆是为了掩盖自己的缺点或年龄的。最坏的一种化妆，是化过妆以后扭曲了自己的个性，又失去了五官的协调。例如，小眼睛的人竟化了浓眉，大脸蛋的人竟化了白脸，阔嘴的人竟化了红唇。"

没想到，化妆的最高境界竟是无妆，竟是自然，这可使我刮目相看了。

化妆师看我听得出神，继续说："这不就像你们写文章一样吗？拙劣的文章常常是词句的堆砌，扭曲了作者的个性。好一点的文章是光芒四射，吸引人的视线，但别人知道你是在写文章。最好的文章，是作家的自然流露，他不堆砌辞藻，读的时候不觉得是在读文章，而是在读一个生命。"

多么有智慧的人呀！可是，"到底做化妆的人只是在表皮上做功夫！"我感叹道。

"不对的。"化妆师说，"化妆只是最末的一个枝节，它能改变的事实很少。深一层的化妆是改变体质，让一个人改变生活方式。睡眠充足，注意运动与营养，这样她的皮肤改善，精神充足，比化妆有效得多。再深一层的化妆是改变气质，多读书，多欣赏艺术，多思考，对生活乐观，对生命有信心，心地善良，关怀别人，自爱而有尊严，这样的人就是不化妆也丑不到哪里去。脸上的化妆只是化妆最后的一件小事。我用三句简单的话来说明：三流的化妆是脸上的化妆，二流的化妆是精神的化妆，一流的化妆是生命的化妆。"

化妆师接着做了这样的总结："你们写文章的人不也是化妆师吗？三流的文章是文字的化妆，二流的文章是精神的化妆，一流的文章是生命的化妆。这样，你懂化妆了吗？"我为这位女性化妆师的智慧而起立向她致敬，深为我最初对化妆师的观点感到惭愧。

告别了化妆师，回家的路上我走在夜黑的地方，有了这样深刻的体悟：在这个世界上一切的表象都不是独立存在的，一定有它深刻的内在意义，改变表相最好的方法不是在表象上下功夫，一定要从内在改变。

可惜，在表象上用功的人往往不明白这个道理。

资料来源　林清玄. 生命的化妆［J］. 初中生世界（七年级），2016（3）.

思政元素：职业素养　以德育人

思政感悟：苏轼曾说，"腹有诗书气自华"。诗人陆游劝勉后人，"纸上得来终觉浅，绝知此事要躬行"。人们从书本中汲取营养，学习知识和技巧，但实践中产生的认识，才是获取知识更重要的途径。林清玄从一次对话中感悟了很多，也启发了很多人。事物的美和丑都是相对的，外表华丽，也许言行龌龊，正所谓金玉其外、败絮其中。生命的化妆，就是让自己的人品和气质得到升华，超越那些低级趣味，远离各种诱惑和喧嚣。

学习效果综合测评

一、填空题

1.生活艺术化妆有别于表演艺术化妆，它服务于（　　），是（　　）、类型最多、（　　）最少、模式最少的一种与人们生活最接近的化妆。

2.日妆也称淡妆，根据人物所处的不同场景造型，其应用范围较为广泛。化妆要根据出席（　　）的限制以简洁明快为主，体现（　　）和时尚感。

3.新娘妆根据用途以及展示的空间可分为（　　）妆和（　　）妆。

4.晚宴妆根据应用的目的、场合的不同分为（　　）化妆和（　　）化妆。

5.烟熏妆通常以（　　）色为主，中心部位最深，到边缘变浅，在眼窝处形成深浅层次弥漫的眼妆效果。

二、问答题

1.简述日妆造型的要点。

2.试述新娘妆各阶段的表现手法。

3.简述晚妆造型的表现方法。

4.简述烟熏妆的特点、色彩表现方法。

5.如何使用化妆手段塑造人物面部结构?

6.简述创意妆的特点、色彩表现方法。

三、绘图题

1.在绘图纸上练习日妆描画。

2.在绘图纸上练习新娘妆的描画。

3.在绘图纸上练习晚宴妆的描画。

4.在绘图纸上练习烟熏妆的描画。

5.在绘图纸上练习时尚摄影妆的描画。

6.在绘图纸上练习创意妆的描画。

四、操作技能考核题

1.日妆实践操作。

2.白纱新娘妆实践操作。

3.欧式礼服新娘妆实践操作。

4.中式古典新娘妆实践操作。

5.社交晚宴妆实践操作。

6.展示晚宴妆实践操作。

7.烟熏妆实践操作。

8.时尚摄影妆实践操作。

9.创意妆实践操作。

参考文献

[1] 乔国华. 化妆造型设计 [M]. 北京：高等教育出版社，2004.
[2] 杜丽，耿怡. 化妆设计与人物摄影 [M]. 合肥：安徽美术出版社，2016.
[3] 朱霖. 化妆基础进阶教程 [M]. 北京：中国轻工业出版社，2019.
[4] 徐家华，张天一. 化妆基础 [M]. 北京：中国纺织出版社，2009.
[5] 张晓妍. 化妆设计基础 [M]. 北京：中国纺织出版社，2016.